环境暴露与人群健康丛书

环境污染物人体健康毒性参数推导技术

于云江 等 著

科学出版社
北京

内 容 简 介

本书分为9章。第1章介绍环境健康风险评估涉及的毒性参数一般概念及其类型；第2章介绍国内外污染物毒性数据源，主要包括美国、欧盟、英国、日本等国外以及我国现有主要数据库现状；第3章重点介绍现有剂量-效应关系模型和评估方法，包括NOAEL/LOAEL法和BMD法等；第4章主要介绍环境有毒有害污染物和高风险污染物的筛选方法，为后面毒性参数推导有关章节提供目标污染物；第5～8章对目标污染物现有毒性数据的丰富程度进行分类，分别阐述不同类型污染物的毒性参数推导技术；第9章阐述场地土壤污染物毒性数据库的指标体系和结构特征。

本书可供环境基准/标准、环境健康等领域科研与管理人员和相关专业研究生参考阅读。

图书在版编目（CIP）数据

环境污染物人体健康毒性参数推导技术 / 于云江等著. —北京：科学出版社，2022.12

（环境暴露与人群健康丛书）

ISBN 978-7-03-074418-0

Ⅰ. ①环… Ⅱ. ①于… Ⅲ. ①环境污染－有害物质－毒性－参数分析 Ⅳ. ①X503.1

中国版本图书馆CIP数据核字（2022）第243197号

责任编辑：杨 震 刘 冉 / 责任校对：杜子昂

责任印制：吴兆东 / 封面设计：北京图阅盛世

科学出版社 出版

北京东黄城根北街16号

邮政编码：100717

http：//www.sciencep.com

北京中科印刷有限公司 印刷

科学出版社发行 各地新华书店经销

*

2022年12月第 一 版 开本：720×1000 1/16

2022年12月第一次印刷 印张：8 3/4

字数：180 000

定价：98.00元

（如有印装质量问题，我社负责调换）

丛书编委会

《环境污染物人体健康毒性参数推导技术》

著 者 名 单

于云江　董辰寅　姜　军　向明灯　朱晓辉

郭昌胜　闫赛红　王　琼　温宥越　查金苗

张文生　陈　达　徐仁扣　邵　侃　张　凤

丛　书　序

近几十年来，越来越多的证据表明环境暴露与人类多种不良健康结局之间存在关联。2021 年《细胞》杂志发表的研究文章指出，环境污染可通过氧化应激和炎症、基因组改变和突变、表观遗传改变、线粒体功能障碍、内分泌紊乱、细胞间通信改变、微生物组群落改变和神经系统功能受损等多种途径影响人体健康。《柳叶刀》污染与健康委员会发表的研究报告显示，2019 年全球约有 900 万人的过早死亡归因于污染，相当于全球死亡人数的 1/6。根据世界银行和世界卫生组织有关统计数据，全球 70%的疾病与环境污染因素有关，如心血管疾病、呼吸系统疾病、免疫系统疾病以及癌症等均已被证明与环境暴露密切相关。我国与环境污染相关的疾病近年来呈现上升态势。据全球疾病负担风险因素协作组统计，我国居民疾病负担 20%由环境污染因素造成，高于全球平均水平。环境污染所导致的健康危害已经成为影响全球人类发展的重大问题。

欧美发达国家自 20 世纪 60 年代就成立了专门机构开展环境健康研究。2004 年，欧洲委员会通过《欧洲环境与健康行动计划》，旨在加强成员国在环境健康领域的研究合作，推动环境风险因素与疾病的因果关系研究。美国国家研究理事会（NRC）于 2007 年发布《21 世纪毒性测试：远景与策略》，通过科学导向，开展系统的毒性通路研究，揭示毒性作用模式。美国国家环境健康科学研究所（NIEHS）发布的《发展科学，改善健康：环境健康研究计划》重点关注暴露、暴露组学、表观遗传改变以及靶点与通路等问题；2007 年我国卫生部、环保部等 18 个部委联合制订了《国家环境与健康行动计划》。2012 年，环保部和卫生部联合开展“全国重点地区环境与健康专项调查”项目，针对环境污染、人群暴露特征、健康效应以及环境污染健康风险进行了摸底调查。2016 年，党中央、国务院印发了《“健康中国 2030”规划纲要》，我国的环境健康工作日益受到重视。

环境健康研究的目标是揭示环境因素影响人体健康的潜在规律，进而通过改善生态环境保障公众健康。研究领域主要包括环境暴露、污染物毒性、健康效应以及风险评估与管控等。在环境暴露评估方面，随着质谱等大型先进分析仪器的有效利用，对环境污染物的高通量筛查分析能力大幅提升，实现了多污染物环境暴露的综合分析，特别是近年来暴露组学技术的快速发展，对体内外暴露水平进行动态监测，揭示混合暴露的全生命周期健康效应。针对环境污染低剂量长期暴露开展暴露评估模型和精细化暴露评估也成为该领域的新的研究方向；在环境污染物毒理学方面，高通量、低成本、预测能力强的替代毒理学快速发展，采用低等动物、体外试验和非生物手段的毒性试验替代方法成为毒性测试的重要方面，解析污染物毒性作用通路，确定生物暴露标志物正成为该领域研究热点，通过这些研究可以大幅提高污染物毒性的筛查和识别能力；在环境健康效应方面，近年来基因组学、转录组学、代谢组学和表观遗传学等的快速发展为探索易感效应生物标志物提供了技术支撑，有助于理解污染物暴露导致健康效应的分子机制，探寻环境暴露与健康、疾病终点之间的生物学关联；在环境健康风险防控方面，针对不同暴露场景开展环境介质-暴露-人群的深入调查，实现暴露人群健康风险的精细化评估是近年来健康风险评估的重要研究方向；同时针对重点流域、重点区域、重点行业、重点污染物开展环境健康风险监测，采用风险分区分级等措施有效管控环境风险也成为风险管理技术的重要方面。

环境健康问题高度复杂，是多学科交叉的前沿研究领域。本丛书针对当前环境健康领域的热点问题，围绕方法学、重点污染物、主要暴露类型等进行了系统的梳理和总结。方法学方面，介绍了现代环境流行病学与环境健康暴露评价技术等传统方法的最新研究进展与实际应用，梳理了计算毒理学和毒理基因组学等新方法的理论及其在化学品毒性预测评估和化学物质暴露的潜在有害健康结局等方面的内容，针对有毒有害污染物，系统研究了毒性参数的遴选、收集、评价和整编的技术方法；重点污染物方面，介绍了大气颗粒物、挥发性有机污染物以及阻燃剂和增塑剂等新污染物的暴露评估技术方法和主要健康效应；针对典型暴露场景，介绍了我国电子垃圾拆解活动污染物的排放特征、暴露途径、健康危害和健康风险管控措施，系统总结了污染场地土壤和地下水的环境健康风险防控技术方面的创新性成果。

近年来环境健康相关学科快速发展，重要研究成果不断涌现，亟须开展从环境暴露、毒理、健康效应到风险防控的全链条系统梳理，这正是本丛书编撰出版的初衷。“环境暴露与人群健康丛书”以科技部、国家自然科学基金委员会、生态环境部、卫生健康委员会、教育部、中国科学院等重点支持项目研究为基础，汇集了来自我国科研院所和高校环境健康相关学科专家学者的集体智慧，系统总结了环境暴露与人群健康的新理论、新技术、新方法和应用实践。其成果非常丰富，可喜可贺。我们深切感谢丛书作者们的辛勤付出。冀望本丛书能使读者系统了解和认识环境健康研究的基本原理和最新前沿动态，为广大科研人员、研究生和环境管理人员提供借鉴与参考。

2022 年 10 月

前　言

环境污染物的健康毒性参数是环境健康风险评估的重要基础数据。美国针对毒性参数推导技术方法开展了多年研究，建立了基于文献分析的环境污染物毒性参数推导技术方法，美国、欧盟也相继建立了 IRIS、RAIS、OpenFoodTox 等基于保护人群健康的污染物毒性数据库，但其主要是基于欧美国家特征污染物和人群暴露特征所建立的，不完全符合我国的实际情况。近年来，我国在环境污染物毒性效应和机制研究方面取得不少成果，为许多有毒有害污染物毒性厘定奠定了基础，然而，由于缺乏基于中国人群暴露参数的毒性推导技术及其毒性数据库，现阶段，在许多流域/区域环境污染健康风险评估时不得不运用美国、欧盟等国家和地区的相关参数，致使评估结果存在较大误差。

本书系统梳理了环境健康风险管理中的国内外相关毒性参数、数据来源及剂量-效应模型，提出用于毒性参数评估的本土化目标污染物筛选技术方法，并按照污染物数据来源进行了分类分析，提出基于“现有数据库—文献分析—动物实验—计算毒理学”四位一体的毒性参数推导技术方法体系。该方法适用于不同污染物类型，对于建立和完善污染物毒性数据库具有很大的实用价值和现实意义。可实现基于我国人群暴露特征数据对现有国外毒性参数进行本土化改造，同时，针对我国特有污染物提出了基于文献分析的毒性参数推导技术方法，并介绍了在污染物研究资料不足的情况下，结合国内外相关标准开展动物实验或计算毒理学模型（QSAR）预测的方法。本书将上述毒性参数推导技术方法应用于我国场地土壤污染物，详细阐述了适合我国国情的毒性参数推导技术方法体系及其在场地高风险污染物毒性数据库构建中的具体应用，构建了基于健康风险管理的我国场地土壤污染物毒性数据库指标体系和数据库平台。

本书为国家重点研发计划项目“场地土壤污染物毒性数据库与健康风险监管技术”（2019YFC1803400）的研究成果，旨在为开展环境健康风险精细化评估提供可资运用的方法。由于环境健康毒性参数推导过程复杂，且涉及不同的学科，本书难免存在不足之处，请读者批评指正。

于云江

2022 年 10 月于广州

目　　录

第1章　毒性参数概述

1.1　毒性参数的一般概念

毒性（toxicity）是指在特定条件下，化学物质导致机体有害作用的一种内在的、固有的能力，是物质一种与生俱来的、不变的特性，是通过测量该物质在特定的条件下对有机体产生的毒作用大小来确定的。化学物质毒性的大小取决于物质的化学结构及理化性质[1]。

根据化学物质暴露剂量与持续时间不同（如大剂量一次性暴露或较小剂量较长时间或小剂量长时间暴露），通常将毒性分为急性毒性、亚慢性毒性和慢性毒性[2]。

为了定量地描述或比较外源化学物质的毒性及其剂量-反应（效应）关系，规定或提出了毒性参数的各种概念，如半数致死剂量或浓度（median lethal dose 或 median lethal concentration，LD_{50} 或 LC_{50}）、无可见不良作用水平（no observed adverse effect level，NOAEL）、最低可见不良作用水平（lowest observed adverse effect level，LOAEL）、基准剂量（benchmark dose，BMD）、参考剂量（reference dose，RfD）、参考浓度（reference concentration，RfC）和致癌斜率因子（slope factor，SF）等[3]。

1.2　环境健康风险管理的相关毒性参数

RfD、RfC、SF 等参数均为环境健康风险管理中常用的毒性参数[4]。除此之外，还有饮水单位风险（drink unit risk，DUR）因子和呼吸吸入单位致癌风险（inhalation unit risk，IUR）因子。这些毒性参数按照暴露途径结合致癌性和非致癌性划分如下。

1.2.1　经口摄入途径的毒性参数

1. 非致癌效应毒性参数

经口摄入途径的非致癌效应毒性参数主要采用经口摄入参考剂量（oral reference dose，RfD_o）和经口摄入急性参考剂量（acute reference dose，aRfD）。其中，RfD_o 代表环境中化学物质长期对人群（包括敏感人群）日均经口摄入暴露的评估值，终生摄入此剂量水平以下的化学物质不大可能出现有害效应风险[5]；aRfD 主要用来评价外来化学物质短时间急性暴露造成的健康损害。

2. 致癌效应毒性参数

经口摄入途径的致癌效应毒性参数主要包括经口摄入致癌斜率因子（oral slope factor，SF_o）和饮水单位风险（drink unit risk，DUR）因子。其中，SF_o表示每天经口暴露 1 mg/单位体重的污染物增加的致癌风险[6]；DUR 代表人体通过饮水暴露，饮用单位体积饮用水增加的致癌风险。

1.2.2 呼吸吸入途径的毒性参数

1. 非致癌效应毒性参数

呼吸吸入途径的非致癌效应毒性参数主要采用呼吸吸入参考浓度 RfC 和呼吸吸入急性参考浓度（acute reference concentration，aRfC）表示。其中，呼吸吸入慢性参考剂量表示人群（包括敏感人群）终生吸入此剂量水平以下的污染物不大可能出现有害效应风险。

2. 致癌效应毒性参数

经呼吸吸入途径的致癌效应毒性参数主要用呼吸吸入单位致癌风险（inhalation unit risk，IUR）来表示。致癌风险是指在整个生命周期中持续不断地经呼吸道暴露于某一特定浓度大气致癌物所增加的癌症发生风险。

1.2.3 皮肤接触途径的毒性参数

皮肤接触途径的非致癌效应毒性参数主要用皮肤接触参考剂量（absorbed reference dose，RfD_d）来表示。RfD_d 可作为评价经皮肤接触吸收某环境污染物造成的潜在效应参考值，终生经皮肤接触此水平以下的环境污染物不太可能出现可检测到的有害效应。在健康风险评价方法体系中尚无经皮肤接触途径的毒性参数，一般采用经口摄入途径的毒性参数代替进行评价。美国环境保护署（USEPA）[4]推荐利用化学物质经胃肠道吸收的比例（ABS_{gi}）结合经口摄入参考剂量 RfD_o进行推导 RfD_d。

参 考 文 献

[1] 孙志伟. 毒理学基础. 北京：人民卫生出版社, 2017.
[2] 杨克敌，鲁文清. 现代环境卫生学. 北京：人民卫生出版社, 2019.
[3] 郭新彪. 环境健康学. 北京：北京大学医学出版社, 2006.

[4] USEPA. Risk Assessment Guidance for Superfund (RAGS), Volume I: Human Health Evaluation Manual (Part A). United States Environmental Protection Agency. https://www.epa.gov/sites/default/files/2015-09/documents/rags_a.pdf. 1989.
[5] USEPA. A Review of the Reference Dose and Reference Concentration Processes Document. Environmental Protection Agency. https://www.epa.gov/osa/review-reference-dose-and-reference-concentration-processes. 2002.
[6] USEPA. Guidelines for Carcinogen Risk Assessment. Environmental Protection Agency. https://www.epa.gov/sites/default/files/2013-09/documents/cancer_guidelines_final_3-25-05.pdf. 2005.

第 2 章　环境污染物毒性参数的数据源

环境污染物的毒性参数是开展其环境健康风险评估的重要基础数据。目前我国开展相关风险评估时，主要依赖国外毒性数据库。现有污染物健康毒性数据库主要来自美国、英国、欧盟等国家和地区，数据库主要关注特定领域化学品（如农药、食品和饲料所含的化学品）的毒性。

2.1　美国毒性参数的数据源

美国现有毒性数据库可分为以下三类：国家数据库、地方数据库和综合性数据库。国家数据库主要由美国环境保护署（Environmental Protection Agency，EPA）和美国毒物与疾病登记署（Agency for Toxic Substances and Disease Registry，ATSDR）建立和管理。地方数据库主要由加利福尼亚州和得克萨斯州相关环境保护部门建立和管理。国家和地方数据库都涉及污染物自身健康毒性参数的推导，综合性数据库均不涉及污染物毒性参数的推导，如目前应用较为广泛的美国环境保护署区域筛选值（Regional Screening Levels，RSL）和能源局的风险评估信息系统（Risk Assessment Information System，RAIS）。主要数据库见表 2.1。

表 2.1　美国主要健康毒性数据库

相关机构	数据库名称
国家数据库	
美国环境保护署（EPA）	综合风险信息系统（Integrated Risk Information System, IRIS）
	暂行同行评议毒性值（Provisional Peer-Reviewed Toxicity Value, PPRTV）
	暂行同行评议毒性筛选值（PPRTV screening values）
	健康影响评价概要表（Health Effects Assessment Summary Tables，HEAST）
	农药人体健康基准（Human Health Benchmarks for Pesticides，HHBP）
美国毒物与疾病登记署（ATSDR）	毒理学概况（Toxicological Profiles, ATSDR）

续表

相关机构	数据库名称
地方数据库	
美国加利福尼亚州环境健康风险评估办公室（OEHHA）	OEHHA 化学品数据库（OEHHA Chemical Database）
得克萨斯州环境质量委员会（TCEQ）	TRRP 保护浓度水平（TRRP Protective Concentration Levels）
综合性数据库	
美国环境保护署（EPA）	区域筛选值（RSL）
—	风险评估信息系统（RAIS）

2.1.1　美国环境保护署（EPA）相关数据库

目前，EPA 是健康毒性参数的主要来源方和管理者。其毒性数据来源主要包括研究和发展办公室（Office of Research and Development）开发的综合风险信息系统（IRIS）、暂行同行评议毒性值（PPRTV）和暂行同行评议毒性筛选值（PPRTV screening values），辐射与室内空气办公室（Office of Radiation and Indoor Air）开发的健康影响评价概要表（HEAST），化学品安全与污染防治办公室开发的农药人体健康基准（HHBP）。

1. 综合风险信息系统（IRIS）①

IRIS 是基于网络和面向公众开放的环境污染物毒性信息管理系统。系统原型始于 1985 年，开发目的在于统一美国 EPA 内部不同机构开展环境污染物毒性评估的过程。相关污染物毒性信息于 1988 年通过电子邮件等方式对外开放，网络版于 1997 年上线。在此过程中，IRIS 引入了环境污染物提名、毒理学审查草案拟定、独立外部同行评议、文件草案公开评论和协商等机制。截至目前，这些工作机制仍是构成 IRIS 环境污染物健康毒性评估工作的重要组成部分。目前 IRIS 共收录 571 种环境污染物，不包括放射性物质。IRIS 重点针对污染物的慢性非致癌效应和致癌效应开展评估，并分别获得不同暴露途径（经口和经呼吸）的相关毒性参数（慢性非致癌效应：RfC、RfD；致癌效应：SF_o、IUR）。IRIS 通过作用器官或系统对污染物进行分类，目前作用器官或系统主要分为心血管系统、皮肤、神经系统、内分泌系统、胃肠道系统、血液系统、免疫系统、骨骼、生殖系统、泌尿系统、眼部组织等。IRIS 对慢性非致癌效应和致癌效应相关证据开展了可信度

① https://www.epa.gov/iris/basic-information-about-integrated-risk-information-system

评估，并将相关证据可信度划分为低、中、高三级。

2. 暂行同行评议毒性值（PPRTV）和暂行同行评议毒性筛选值（PPRTV screening values）②

鉴于美国“超级基金”计划对环境污染物毒性参数日益增长的需求，1998 年美国 EPA 研究和发展办公室根据要求提出暂行同行评议毒性值（PPRTV）项目。截至 2004 年同行评议毒性值（PPRTV）相关数据和信息都只针对“超级基金”相关人员有限度开放，相关网站主要由美国橡树岭国家实验室负责维护。

在对 PPRTV 评估过程中，针对某些污染物存在下列情况的，2008 年制定了毒性筛选值：相关证据未经同行评议；虽经同行评议但存在不确定性，其中不确定性包括 UF 大于 3000；相关证据研究不够充分，只包括一个或几个终点效应；相关研究中模式动物使用量不足或研究设计不合理等。

目前暂行同行评议毒性值（PPRTV）及其筛选值（PPRTV screening values）共包括 423 种污染物。其关注的暴露途径、相关毒性参数和污染物作用器官或系统分类与 IRIS 一致。针对非致癌效应毒性，不仅关注慢性毒性，同时还针对亚慢性毒性开展了相关评估。与 IRIS 相同，PPRTV 也同时对毒性参数相关证据开展了可信度评估和分级。

3. 健康影响评价概要表（HEAST）

HEAST 发布于 1997 年。与上述三个数据来源不同，HEAST 由美国 EPA 辐射与室内空气办公室（Office of Radiation and Indoor Air）开发和管理，但污染物毒性评估方法仍由研究和发展办公室提供。HEAST 关注的污染物主要为空气和饮用水中所存在的典型污染物，同时还包括放射性物质。化学品污染物 482 种，放射性物质 37 种。与 PPRTV 类似，HEAST 也对污染物的慢性、亚慢性毒性（非致癌毒性）和致癌毒性进行了评估，其所关注的暴露途径也为经口暴露和经呼吸暴露。对于空气和饮用水中所存在的典型污染物如已收录在 IRIS 中，则采用 IRIS 数据。

4. 农药人体健康基准（HHBP）③

HHBP 始于 2012 年，关注的污染物主要为饮用水或饮用水水源地水体中检测出的农药化学品，其目的在于评估相关农药化学品的环境健康风险。目前 HHBP 共包含 430 种农药化学品。HHBP 提供了急性和慢性非致癌效应基准值以及致癌斜率因子等数据。

---

② https://www.epa.gov/pprtv/basic-information-about-provisional-peer-reviewed-toxicity-values-pprtvs

③ https://www.epa.gov/system/files/documents/2021-07/hh-benchmarks-factsheet-2021.pdf

2.1.2　美国毒物与疾病登记署（ATSDR）数据库

ATSDR 旨在保护社区群众免受天然或人为有毒有害物质所带来的不良健康影响，降低相关疾病的发病率和死亡率。目前 ATSDR 已针对 630 种有毒有害物质开展了人体健康毒性评估，这些物质主要包括二噁英、呋喃、多氯联苯、部分卤代芳烃类和有机磷农药、重金属、酚类/苯氧酸、邻苯二甲酸盐、放射性核素（放射性物质）、挥发性有机化合物等类别。

针对上述有毒有害物质潜在的人体毒性，ATSDR 将其分为致死、全身毒性、免疫系统毒性、神经毒性、生殖毒性、基因变异和致癌性。ATSDR 虽对致癌效应进行相关描述，但未对致癌效应的可信度及致癌效应的相关毒性参数进行评估。ATSDR 重点关注非致癌效应，对不同暴露途径（经口、经呼吸和经皮肤）的急性毒性、中等时长毒性、慢性毒性的最小风险水平（minimal risk level，MRL）进行了定量化评估。在非致癌效应评估过程中，同时还对有毒有害物质的暴露途径、健康效应、毒代动力学、药代动力学、儿童敏感性等进行了相应描述。

2.1.3　地方数据库

截至目前，美国应用较为广泛的两个地方性人体健康毒性参数来源分别为美国加利福尼亚州环境健康风险评估办公室管理的化学品数据库（https://oehha.ca.gov/library/chemical-databases）（简称加州毒性数据库）和得克萨斯州环境质量委员会的 TRRP 保护浓度水平（TRRP Protective Concentration Levels）。

加州毒性数据库目前共收录 1118 种化学品的毒性参数。关注的暴露途径与 IRIS 一致，即经口和经呼吸暴露。与上述毒性参数来源不同，加州毒性数据库针对非致癌效应不仅关注急性、慢性暴露，还加入了 8 小时暴露毒性参数。与此同时，还针对儿童这一敏感人群提供了其终身暴露参考剂量或浓度。

得克萨斯州毒性数据库是该州空气监测信息系统（TAMIS）数据库的重要组成部分，其所关注的污染物种类主要为当地典型大气污染物，其中包括挥发性有机污染物、多环芳烃类和重金属，并提供了这些污染物不同暴露途径（经口、经呼吸）的非致癌（急性、慢性）和致癌效应毒性参数。

2.1.4　综合性数据库

综合性数据主要是对现有污染物毒性参数进行汇总从而产生的，该类数据不涉及污染物毒性参数的评估过程。目前应用较为广泛的两个综合数据源分别是美国 EPA 的区域筛选值（Regional Screening Levels，RSL）和能源局的风险评估信息系统（Risk Assessment Information System，RAIS）。RSL 开发目的主要是为土壤、空气和饮用水中污染物暴露风险管控标准提供参考，其中包括对各个毒性参数来源数据的汇总，共涉及 709 种化学品（不包括放射性物质）。RAIS 包括化学品和放射性物质的理化性质、毒性参数和元数据等信息，数据来源覆盖美国环境保护署、毒物与疾病登记署、地方相关机构毒性数据库等，目前共收录化学品 1758 种。

2.2　欧洲、日本以及国际组织等毒性参数的数据源

与美国相比，其他国家和地区或国际组织虽已针对化学品建立相关数据库，但大多集中于毒性参数相关的基本理化性质、GHS 分类（Globally Harmonized System of Classification）和生态毒性等信息，对人体健康毒性参数自身的定量评估较为缺乏。如 eChemPortal 作为世界经济合作与发展组织（Organization for Economic Co-operation and Development，OECD）发起，美国、日本、加拿大、欧盟等组织成员共同合作开发的国际性化学品毒性数据库，主要包括化学品理化性质、环境归趋和行为、化学品分类和标签等信息，缺少人体健康毒性参数。欧洲化学品管理局（European Chemicals Agency）独自开发的数据库（https://echa.europa.eu/）也只包含化学品基本理化性质、GHS 分类、排放限值等信息，并未对人体健康毒性参数进行评估。目前只有部分数据库对特定领域化学品的毒性参数（如经口暴露参考剂量、急性参考剂量）进行了定量评估，如欧盟食品安全局的 OpenFoodTox 和英国赫特福德大学农药与环境研究所开发的农药特性数据库（Pesticide Properties Database，PPDB）。

OpenFoodTox 是针对食品和饲料所含化学品的开放数据源。该数据源对相应化学品的生态危害、动物毒性和人体健康危害进行评估，可实现化学品毒性的定性和定量危害表征（如参考剂量）。

PPDB 作为一个免费访问网站由英国赫特福德大学推出，是针对农药提供化学特性、物理化学性质、生态毒理学和人体健康毒性数据的综合信息数据库。PPDB 收集全球已出版的科学文献、手册、注册数据库、公司技术数据表和研究项目中的剂量-效应数据，对毒性参数（如参考剂量）进行评估。

日本国立卫生科学研究所（National Institute of Health Sciences，NIHS）开发的化学品数据库（Japan Existing Chemical Data Base）收录了 452 种现有化学品急性毒性、亚慢性毒性（90 天）和慢性毒性哺乳类动物实验报告，未开展相关毒性参数的定量评估。

2.3　我国毒性参数的数据源

目前我国仍缺少针对特有环境污染物和人群暴露特征的人体健康毒性参数数据库。现有数据库仍以关注化学品安全为主，主要包括理化性质、毒性效应、职业标准和相关法规等信息，缺少对毒性参数的定量评估。

1. 中国国家有毒化学品基础数据库

中国国家有毒化学品基础数据库由中国环境科学研究院于 1990 年建成，包含 11 个子库。数据主要来源包括 1985 年“全国化学品调查登记”所收集的近万种化学品档案材料、国外化学物质毒性数据库（Registry of Toxic Effects of Chemical Substances，RTECS）和国际潜在有毒化学品登记中心数据库。该数据库现无法在网上公开使用。

2. 化学物质毒性数据库

化学物质毒性数据库由中国科学院过程工程研究所开发，中国科学院计算机网络信息中心承建。该数据库包括中、英文文献数据库，其中中文文献数据库编辑整理了 120 多种国内公开出版的期刊论文的实验和观测数据。专家对数据进行了审核与校正，并按标准数据格式录入。数据库包括化学物质的刺激性、毒性、致畸性、致癌性与生殖效应等健康毒性信息以及生态环境标准和职业卫生标准等，也包括关于化学品安全管理、预防化学事故和灾害应急响应中需要的理化性质数据。该数据库需注册登记才能使用。

3. 化学专业数据库

化学专业数据库由中国科学院上海有机化学研究所承担建设（http://www.organchem.csdb.cn/scdb/main/huanjing_introduce. asp），收录了药物研发所需的大量常见药物动力学预测数据和毒性估测数据。该数据库包括 1000 余种环境有毒有害化学物质的防治技术资料，如化学物质的理化特性、稳定性、安全生产和防护信息、毒理学资料（LC_{50} 和 LD_{50} 等）、流行病学资料、临床病例和生态危害等。上述资料以描述性文字为主，缺少对化学物质毒性参数的定量评估。数据库使用前需注册账户。

综上，我国现有数据库还存在以下不足：

（1）缺乏基于我国环境污染和人群暴露特征的健康毒性数据库：我国现有数据库多为化学品数据库，其内容主要包括化学品理化性质、GHS 分类、职业标准和相关法规等信息，缺少对人体健康毒性参数的定量评估。目前实际工作中大量借鉴国外毒性参数，缺少本土化数据。同时，国内外污染物种类存在差异，我国特征污染物缺少毒性参数。

（2）数据更新维护不及时：美国等国外数据库处在不断更新中，我国现有化学品数据库数据大部分来自美国，数据更新不及时。

（3）数据共享不足：国外现有数据库大多可实现免费查询和浏览功能，国内数据库仍需单独注册，部分使用受限。

第 3 章　毒性参数推导的剂量–效应评估方法

剂量-效应评估是环境污染物毒性参数推导的重要内容，本章重点对剂量-效应评估方法进行相关介绍。非致癌环境污染物的剂量-效应评估方法包括NOAEL/LOAEL 方法和 BMD 法；致癌效应无阈值，致癌环境污染物的评估方法采用低剂量线性外推法。

3.1　NOAEL/LOAEL 方法

20 世纪 80 年代美国 EPA 已开始使用 NOAEL/LOAEL 方法用于非致癌毒性效应起算点的获取（图 3.1），并引入不确定系数对 RfD 或 RfC 进行推导。如美国 EPA 于 1987 年利用该方法完成了对甲磺隆（Ally，CAS 74223-64-6）的经口摄入慢性参考剂量评估[④]。其评估主要数据源自美国杜邦公司所开展的 Sprague-Dawley（SD）大鼠毒理学实验，该毒理学实验共设置 1 个对照组[0 mg/(kg·d)]和 4 个实验组[0.25 mg/(kg·d)、1.25 mg/(kg·d)、25 mg/(kg·d)和 250 mg/(kg·d)]，随日常饮食进行甲磺隆暴露，暴露时长为 2 年。研究结果发现当 SD 大鼠的甲磺隆经口摄入剂量达到 250 mg/(kg·d)时，体重明显下降，而 25 mg/(kg·d)时体重并无明显改变。因此，根据 NOAEL/LOAEL 方法，25 mg/(kg·d)即为 NOAEL 值，而 250 mg/(kg·d)为 LOAEL 值。

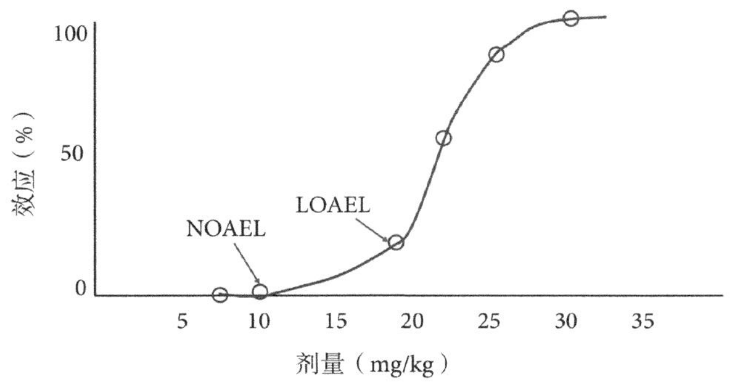

图 3.1　NOAEL/LOAEL 方法

传统的 NOAEL/LOAEL 方法在获取污染物非致癌毒性效应的起算点过程中存在诸多问题：

---

④ https://iris.epa.gov/static/pdfs/0288_summary.pdf

（1）NOAEL/LOAEL 方法没有充分考虑剂量-效应曲线的形状特征，只注重单个数据点（NOAEL 或 LOAEL）。

（2）NOAEL 取值受到实验设计的严重影响，如实验剂量个数、剂量间隔和每组实验动物数量。如实验剂量个数越多，剂量间隔越小，NOAEL 取值越接近真实值；减少每组实验动物数量，可能会得到更大的 NOAEL 值。

（3）不同研究获得的 NOAEL 或 LOAEL 值不具可比性。

（4）由于受到实验设计的严重影响，可能导致 NOAEL 值的缺失，LOAEL 值也不能用于 NOAEL 值的预测。

3.2 BMD 方法

3.2.1 BMD 方法概述

BMD 方法全称为基准剂量法。1984 年 Crump 首次正式提出使用 BMD 方法，用于替代 NOAEL/LOAEL 方法[1]。他将 BMD 定义为通过剂量-效应曲线获得的、使某种效应增加到某一个特定水平的剂量。美国 EPA 对 BMD 有一个类似的定义，即通过剂量-效应曲线获得的、与背景值相比达到预先确定的损害效应发生率的统计学可信区间的剂量。例如，$BMDL_{05}$ 就是指与对照组相比，引起发生不良反应概率上升 5%所对应剂量的 95%统计学可信区间下限值，其中 5%为不良反应的基准水平（BMR）。1995 年美国 EPA 完成了 IRIS 数据库中第一个使用 BMD 方法推导的毒性参数，该毒性参数为甲基汞的经口摄入慢性参考剂量（RfD）⑤。研究者提出 BMD 方法的主要目的是弥补 NOAEL/LOAEL 方法的不足，以更好地对非癌症效应终点进行评估（图 3.2）[2]。

BMD 方法涉及以下步骤：

（1）确定剂量-效应数据类型：BMD 法与 NOAEL/LOAEL 法类似，其效应数据可分为连续型数据和二分数据。连续型数据通常表示为某效应水平的平均值和标准偏差；二分数据通常表示为个体观察值（如病例数）。模型计算还需各组的剂量数据（如 0 ppm、5 ppm、50 ppm、500 ppm）和样本量（如 10 只大鼠/组）。

（2）确定 BMR：BMR 表示与背景值相比，连续的平均效应的改变。对于效应为二分数据的，BMR 通常设定为 1%、5%或 10%。研究的效应敏感度越高，BMR 越小。例如，生殖毒性和发育毒性的效应敏感度较高，BMR 设定为 5%；流行病学研究敏感度更高，针对量化的人群数据 BMR 一般为 1%。针对连续型效应数据，BMR 通常采用 10%[3]。欧盟食品科学委员会（SCF）也提出，在动物研究中连续型数据预先设定的 BMR 为 10%，二分数据的 BMR 为 5%，BMR 应根据研究涉及的统

⑤ https://www.epa.gov/sites/default/files/2015-01/documents/benchmark_dose_guidance.pdf

计学和毒理学的要求进行调整[4]。

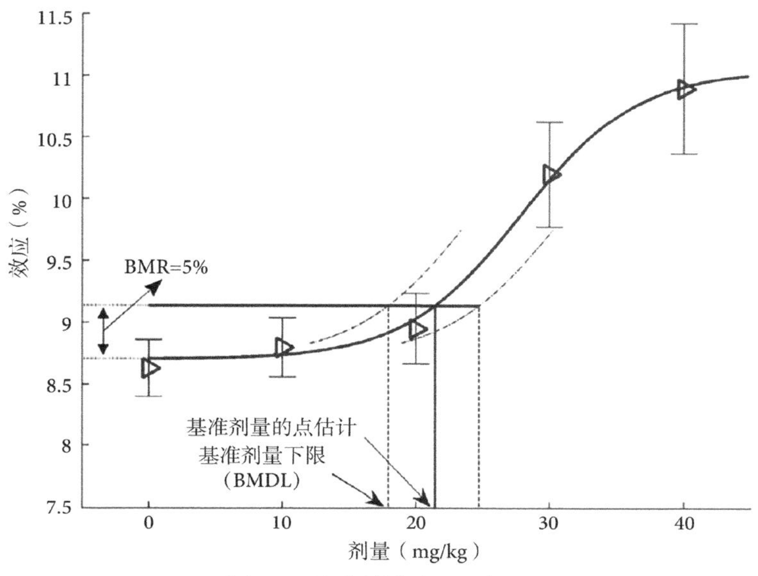

图 3.2　基准剂量（BMD）法[2]

（3）筛选合适的候选剂量-效应模型：目前 BMD 法针对连续型数据包括指数（Exponential）模型、希尔（Hill）模型、线性（Linear）模型、多项式（Polynomial）回归模型、效力（Power）模型等 5 种模型；针对二分类数据包括 Gamma 模型、逻辑回归（Logistic）模型、对数逻辑（Log-Logistic）回归模型、对数 Probit 模型、多阶段回归（Mutiplestage）模型、Probit 模型、韦布尔（Weibull）模型、Quantal 线性模型、二分类希尔（Dichotomous Hill）模型。BMD 法使用多个模型来拟合相同的数据集，从中获得与数据资料拟合度最好的模型。目前有研究者认为可采用各模型预测结果的加权平均值[5,6]。

（4）确定基准剂量下限（Benchmark Dose Limit，BMDL）：当剂量-效应关系资料完整时，针对同一试验中每个潜在的关键性效应终点，通过不同模型拟合，计算出每个效应终点的 BMD 及其下限值 BMDL。对于每个潜在的关键性效应终点的全部 BMDL，通常选择该范围内的最小值；最终确定全部效应终点的最小 BMDL 值，即为该研究的 BMDL 值。

3.2.2　BMD 分析软件

目前研究人员已经开发出多款 BMD 分析软件，其中应用较为广泛的 BMD 软件有两种：EPA 开发的 BMDS 软件（Benchmark Dose Software）和荷兰国家公共卫生与环境研究所（RIVM）研发的PROAST软件（www.rivm.nl/proast）[6]。

BMDS 软件最初由 EPA 于 2000 年发布，并不断升级和改进。该软件基于Windows操作系统，具有良好的图形用户界面，能够分析多种类型的剂量-效应数据，包括二分类数据和连续型数据。在多年的实际应用过程中，BMDS 软件包中添加了一些特殊的剂量-效应模型，如用于处理嵌套数据的模型。同时，构建了一些第三方软件包（如BMDS Wizard和ICF International）以满足特定需求[6]。

PROAST软件是由荷兰国家公共卫生与环境研究所（RIVM）发布的一款基于R 语言的剂量-效应评估软件。该软件可在任何兼容 R 语言的操作系统（如Windows、Linux、Mac）上使用。PROAST能够分析二分类、连续型和有序分类的剂量-效应数据[6]。

近期，一款基于网络的BMD分析软件（BBMD）由美国印第安纳大学邵侃博士开发。该分析软件的主要特色是通过贝叶斯统计模型以实现基准剂量评估。当用于剂量-效应评估的数据质量较差时，基于贝叶斯模型的基准剂量评估方法可利用先验经验及时调整模型中的相关参数。同时，先验数据的引入也能够降低实验所需的动物使用量。由于该模型自身具备概率分布评估特性，基于贝叶斯模型的BMD分析软件还可实现概率风险评估。邵侃等对BBMD和BMDS模型进行了对比分析，发现BBMD在预测结果的成功率和稳定性方面具有优势[6]。

3.2.3 BMD数据要求

剂量-效应关系数据应符合建模要求，对于二分类数据，应给出每个剂量组的暴露剂量、样本数、发生数或发生率；对于连续型的综合数据，需给出各剂量组的剂量、效应指标测量值的均数、标准差以及样本量；若为原始数据，需要给出各测量个体的具体剂量值和效应指标值。同时，要求效应指标变量的单调趋势有统计学意义。基准剂量模型拟合过程中，一般要求剂量组数应大于或等于所拟合模型的参数个数，以确定曲线形状。如只有高剂量组能观察到结局反应，不能确定剂量-效应曲线的较低点，便不适合建模；如所有非对照剂量组结局反应水平很接近，也不适合建模[4]。

3.2.4 BMD方法与NOAEL/LOAEL方法的比较

1. 对实验剂量的依赖性低、毒理学判定更科学

应用BMD法时，首先需对剂量-效应模型、可信区间水平的大小、基准反应水平等进行选择，即预先确定效应大小，通过统计处理获得BMD值，消除了实验设计时的随机性误差，使得BMD值对实验剂量的依赖性降低。而NOAEL/LOAEL

通常是采用实验中的某个剂量或者浓度，高度依赖实验剂量的选择。

2. 对样本量的依赖性低

BMD 法考虑到资料的实验误差，使用基准剂量的下限值（BMDL）作为推算参考剂量的起算点（point of departure，POD），使样本量问题的处理更加合理。具体体现为 NOAEL/LOAEL 方法在样本量较少时，倾向于产生较大的 NOAEL 值，但针对 BMD 方法，样本量越小，模型估计结果的不确定性越大，可信限的范围也就更大，从而使 BMDL 降低。

3. 结果更为可靠

BMD 法主要基于剂量-效应关系曲线的拟合，可有效利用整个剂量-效应数据，并且通过置信区间下限值（BMDL）来说明数据的变异性和不确定性，可有效克服 NOAEL/LOAEL 方法中仅靠单一数值确定起算点的不足，从而提高模型结果的可靠性。

3.3.5 BMD 方法在致癌毒性参数推导中的应用

污染物的致癌效应是无阈值的，通常表示为致癌斜率因子。致癌斜率因子的推导通常表示为 BMR/BMDL 的比值。

参 考 文 献

[1] Crump K S. A new method for determining allowable daily intakes. Toxicological Sciences, 1984, 4: 854-871.
[2] Hardy A, Benford D, Halldorsson T, et al. Update: Use of the benchmark dose approach in risk assessment. The EFSA Journal, 2016, 1150: 1-72.
[3] Sand S, Falk Filipsson A, Victorin K. Evaluation of the benchmark dose method for dichotomous data: Model dependence and model selection. Regulartory Toxicology and Pharmacology, 2002, 36: 184-197.
[4] 方瑾, 贾旭东. 基准剂量法及其在风险评估中的应用. 中国食品卫生杂志, 2011, 23(1): 50-53.
[5] Shao K, Gift J S. Model uncertainty and bayesian model averaged benchmark dose estimation for continuous data. Risk Analysis, 2014, 34(1): 101-120.
[6] Shao K, Shapiro A J. A web-based system for bayesian benchmark dose estimation. Environmental Health Perspectives, 2018, 126(1): 017002.

第 4 章　我国环境高风险污染物筛选及其毒性参数的确定

毒性参数推导首要工作是目标污染物的确定。待目标污染物确定后，根据现有健康毒性数据库收录情况、文献检索情况对目标污染物进行分类，共分为三种：现有健康毒性数据库已收录的污染物、基于文献分析的污染物和基于毒理学实验或构效关系（QSAR）模型的污染物。

4.1　环境目标污染物的确定

目标污染物的识别主要基于健康风险分析，其主要筛选原则包括：

一是我国环境中广泛存在，具有较高的检出浓度和检出率，企业生产或使用量大，或环境排放量大的特征污染物。

二是考虑生态毒性和人体健康毒性效应较大的污染物，生态毒性考虑水生生物急性、慢性毒性，健康毒性考虑经口、呼吸吸入和皮肤接触的急性毒性和慢性毒性（含致癌性、生殖毒性和反复性接触特异性靶器官毒性等）。其中，致癌性数据按照国际癌症研究机构（IARC）分类标准进行识别确定，其他危害指标数据按照我国《化学品分类和标签规范》（GB 30000）系列标准进行识别判定。

三是考虑在环境中难降解，有持久性、生物累积性和毒性（PBT）的污染物，其中 PBT 属性的判定标准参考《持久性、生物累积性和毒性物质及高持久性和高生物累积性物质的判定方法》（GB/T 24782）。

四是考虑暴露人群多的污染物，重点考虑对人群影响大的污染物，即具有经消化道、呼吸道或皮肤等接触途径高暴露特点的污染物。

五是优先考虑已列入有关国际组织、发达国家以及我国国家和地方或者企业管控名单的污染物。

根据上述原则和健康风险评估，识别具有高风险的污染物，提出高风险污染物清单。筛查的技术路线见图 4.1。

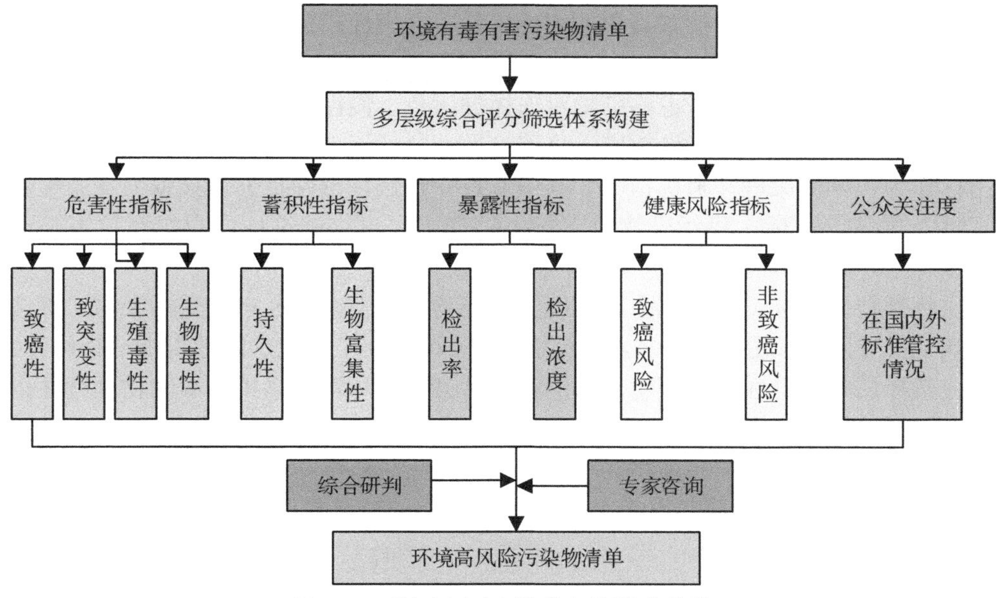

图 4.1　环境高风险污染物识别技术路线

4.1.1　有毒有害污染物筛选

根据图 4.1，在确定环境高风险污染物清单之前，需掌握环境有毒有害污染物清单。有毒有害污染物清单的构建工作主要包括备选清单构建、评价指标识别、筛选和分级、指标赋分、权重赋值和结果计算。

1. 备选污染物筛选

综合考虑国内外有毒有害污染物识别和评估技术，根据污染物的危害性、持久性和生物蓄积性等特征，评价不同污染物的环境暴露现状与健康损害风险，结合必要的现场勘验，运用分级赋值、加权加和计算、分级评分等方法对有毒有害污染物进行计算和排序，构建我国环境有毒有害污染物识别及筛选技术体系。

环境有毒有害污染物备选清单主要参考国内毒害污染物清单，土壤、大气和水环境相关的标准法规政策清单，国内监测和调查污染物清单以及国外相关清单等，同时充分查阅资料文献，纳入新型环境污染物。

2. 评价指标识别、筛选和分级

1）指标分类

初步构建的环境有毒有害污染物识别和筛选评价指标共三类，分别是危害性指标、物理特性指标和持久蓄积性指标。其中危害性指标又分为人群健康危害指标和生态危害指标。

危害性指标：综合考虑污染物对人体健康急、慢性效应的各种表现形式，以及对土壤和水生生物的毒性效应，将致癌性、急性毒性和非致癌的其他慢性毒性指标作为人群健康危害筛选指标，其中非致癌性慢性毒性指标包括致突变、生殖毒性及过敏等指标；将污染物对土壤生物和水生生物的毒性作为生态危害筛选指标。

物理特性指标：人体或生态环境无污染物暴露情况时，不会受污染物的毒性影响，只有暴露于污染物中，才有可能受到不利影响，因此，除危害筛选指标外，还应选择影响人群和生态环境暴露的相关污染物在环境体系中扩散的物理特性指标，包括蒸气压和土壤吸附系数。

持久蓄积性指标：污染物在环境中存在时间越久，蓄积程度越大，对人体健康及环境造成的危害越严重，因此，将污染物的持久性和生物蓄积性作为筛选指标。

2）指标分级

致癌性分级采用国际癌症研究机构（IARC）分级标准；人群危害和生态危害指标中的水生生物毒性分级采用《全球化学品统一分类和标签制度》（Globally Harmonized System of Classification and Labelling of Chemicals，GHS）的标准；生态危害指标中的土壤生物毒性分级采用《化学农药环境安全评价试验准则　第 15 部分：蚯蚓急性毒性试验》（GB/T 31270.15—2014）的标准；物理特性指标参考美国有毒物质数据库（HSDB）分级；持久蓄积性指标参考美国 TSCA 规定分级。具体见表 4.1 至表 4.11。

表 4.1　IARC 致癌性标准分组及计分原则

组别	致癌性	标准	计分
1	1 类	致癌，即对人类致癌性证据充分	3
2	2A	对人类很可能是致癌物，指对人类致癌性证据有限，对实验动物致癌性证据充分	2
3	2B	可能致癌，对人类是可能致癌物，指对人类致癌性证据有限，对实验动物致癌性证据并不充分；或指对人类致癌性证据不足，对实验动物致癌性证据充分	1
4	3 类	对人的致癌性尚无法分类，即可疑对人致癌。现有的证据不能对人类致癌性进行分类	0
5	—	无研究	0

表 4.2 GHS 致癌性标准分组及计分原则

组别	危害说明	致癌性	标准	计分
1	H350(1)	危害	已知或假定的人类致癌物	3
2	H350(1A)	危害	已知对人类有致癌可能；对物质的分类主要根据人类证据	2
3	H350(1B)	危害	假定对人类有致癌可能；对物质的分类主要根据动物证据	1
4	H351(2)	警告	可疑的人类致癌物	0
5	—	—	无研究	0

表 4.3 GHS 生殖细胞致突变性标准分组

组别	危害说明	信号词	标准	计分
1	H340(1A)	危险	可能导致遗传性缺陷，有充分证据表明导致遗传学疾病	3
2	H340(1B)	危险	可能导致遗传性缺陷，被认为导致遗传学疾病	2
3	H341(2)	警告	怀疑会导致遗传性缺陷	1
4	—	—	无研究	0

表 4.4 GHS 生殖毒性标准分组

组别	危害说明	信号词	标准	计分
1	H360(1A)	危险	可能对生育能力或胎儿造成伤害	3
2	H360(1B)	危险	被认为可能对生育能力或胎儿造成伤害	2
3	H361(2)	警告	怀疑可能对生育能力或胎儿造成伤害	1
4	—	—	无研究	0

表 4.5 GHS 急性毒性标准分组

组别	危害说明	信号词	标准	计分
1	H300(1、2)	危险	吞咽致命	3
	H310(1、2)	危险	接触皮肤致命	
	H330(1、2)	危险	吸入致命	
	H340(1、2)	危险	吞咽、吸入气管可能致命	
2	H301(3)	危险	吞咽会中毒	2
	H311(3)	危险	接触皮肤会中毒	

续表

组别	危害说明	信号词	标准	计分
2	H331(3)	危险	吸入会中毒	2
	H314 (1A、1B、1C)	危险	严重灼伤皮肤、损伤眼睛	
	H318(1)	腐蚀	造成眼部的严重损伤	
	H370(1)	危险	单次接触对器官造成损害	
	H304(1)	危险	吞咽并进入呼吸道可能致命	
3	H302(4) H303(5)	警告	吞咽有害或吞咽可能有害	1
	H312(4) H313(5)	警告	皮肤接触有害或皮肤接触可能有害	
	H332(4) H333(5)	警告	吸入有害或吸入可能有害	
	H305(2)	警告	—	
	H315(2) H316(3)	警告	造成皮肤刺激或造成皮肤轻度刺激	
	H319(2A) H320(2B)	警告	造成严重眼刺激或造成眼刺激	
	H371(2)	警告	单次接触可能对器官造成损害	
	H335(3) H336	警告	单次接触可能造成呼吸道刺激或可能造成昏睡或眩晕	
	H305(2)	警告	吞咽并进入呼吸道可能有害	
4	—	—	无研究	0

表 4.6　GHS 其他毒性标准分组

组别	危害说明	信号词	标准	计分
1	H372(1)	危险	长时间反复接触会对器官造成损害	2
	H334	危险	吸入可导致过敏、哮喘症状或呼吸困难	
2	H373(2)	警告	长时间反复接触会对器官造成损害	1
	H317	警告	可能引起皮肤过敏反应	
3	—	—	无研究	0

表 4.7　生物毒性标准分组

组别	危害说明	信号词	标准	计分
1	H400(1)	警告	对水生生物毒性极大	3
	H410(1)	警告	对水生生物毒性极大并具有长期持续影响	
	蚯蚓毒性 (mg a.i./kg 干土)	—	半致死浓度小于 1.0	
2	H401(2)	—	对水生生物有毒	2
	H411(2) H412(3)	—	对水生生物有毒害并具有长期持续影响	
	蚯蚓毒性 (mg a.i./kg 干土)	—	半致死浓度大于 1.0，小于 10.0	
3	H402(3)	—	对水生生物有害	1
	H413(4)	—	可能对水生生物造成长期持续影响	
	蚯蚓毒性 (mg a.i./kg 干土)	—	半致死浓度大于 10.0	
4	—	—	无研究	0

表 4.8　蒸气压标准分组

组别	蒸气压	计分
1	常温下气态	3
2	> 100 mmHg	2
3	24~100 mmHg	1
4	< 24 mmHg	0

表 4.9　吸附系数 K_{oc} 分组

组别	K_{oc}	计分
1	> 2000	3
2	500~2000	2
3	150~500	1
4	0~150	0

表 4.10　持久性分组

组别	土壤半衰期	计分
1	大于 180 天	3
2	大于 60 天，小于 180 天	2
3	小于 60 天	1
4	—	0

表 4.11　生物蓄积性分组

组别	生物富集系数（BCF）	计分
1	大于 5000	3
2	大于 1000，小于 5000	2
3	小于 1000	1
4	—	0

3. 指标赋分和计算

根据不同指标分类，分别给出危害性指标分值、物理特性指标分值和持久蓄积性指标分值（表 4.12）。参考可能的权重，计算出三类指标分值的总和。依据上述方法对污染物进行排序，得到环境有毒有害污染物清单。

实际实施过程中，可根据实际情况，动态补充其他指标，按照统一赋分规则赋分。同时通过专家咨询等的方式，给予各项指标 0~1 范围的权重分数。通过权重计算后，对所有指标进行排序筛选。

表 4.12　指标赋分表

<table>
<tr><th>指标大类</th><th>指标小类</th><th>分数</th><th>最高分</th></tr>
<tr><td rowspan="5">危害性指标</td><td>致癌性</td><td>0~3</td><td rowspan="5">14</td></tr>
<tr><td>致突变及生殖毒性</td><td>0~3</td></tr>
<tr><td>急性毒性</td><td>0~3</td></tr>
<tr><td>其他毒性</td><td>0~2</td></tr>
<tr><td>生物毒性</td><td>0~3</td></tr>
<tr><td rowspan="2">物理特性指标</td><td>蒸气压</td><td>0~3</td><td rowspan="2">6</td></tr>
<tr><td>吸附率</td><td>0~3</td></tr>
<tr><td rowspan="2">持久蓄积性指标</td><td>持久性</td><td>0~3</td><td rowspan="2">6</td></tr>
<tr><td>蓄积性</td><td>0~3</td></tr>
</table>

4. 权重赋值

指标权重赋值一般分为主观赋权法、客观赋权法和组合赋权法。其中主观赋权法包括德尔菲法、层次分析法等，客观赋权法包括主成分分析法、熵值法等。两类方法各有优缺点，本研究选择客观赋权法中的熵值法。

熵值法求指标权重的步骤如下：

（1）数据标准化：采用极差法对各个指标的数据进行标准化处理。假设共 k 个指标 $X_1, X_2,\cdots, X_k$，其中 $X_i=\{x_1, x_2,\cdots, x_n\}$，假设标准化数值为 $Y_1, Y_2,\cdots,Y_k$。标准化公式如下所示：

$$Y_{ij}=\frac{x_{ij}-\min(x_i)}{\max(x_i)-\min(x_i)}$$

（2）各单线 p 值及信息熵计算：

$$p_{ij}=\frac{Y_{ij}}{\sum_{i=1}^{n}Y_{ij}}$$

$$E_j=-\ln(n)^{-1}\sum_{i=1}p_{ij}\ln p_{ij}$$

（3）通过各个指标的信息熵计算各指标的权重如下：

$$W_i=\frac{1-E_i}{k-\sum E_i}(i=1,2,\cdots,k)$$

熵值法相对客观，相对主观赋值法能更好地解释结果，精度较高，但缺乏指标间横向比较，且指标的权重随样本的变化而变化。从当前数据库中随机抽取 40 个样本进行了熵值法权重计算，结果如表 4.13 所示。

表 4.13　指标权重表

指标大类	指标小类	权重	权重最高总和	赋分最高总和
危害性指标	致癌性	0.11	0.46	6.44
	致突变及生殖毒性	0.14		
	急性毒性	0.04		
	其他毒性	0.10		
	生物毒性	0.07		
物理特性指标	蒸气压	0.19	0.33	1.98
	吸附率	0.14		
持久蓄积性指标	持久性	0.15	0.21	1.26

层次分析法的步骤如下：

（1）构造判断矩阵：

$$P = \begin{bmatrix} u_{11} & u_{12} & \cdots & u_{1n} \\ u_{21} & u_{22} & \cdots & u_{2n} \\ \vdots & \vdots & & \vdots \\ u_{n1} & u_{n2} & \cdots & u_{nn} \end{bmatrix}$$

（2）计算重要性排序：

$$\boldsymbol{P}_w = \lambda_{\max} \cdot \boldsymbol{w}$$

（3）进行一致性检验：

$$\mathrm{CR} = \frac{\mathrm{CI}}{\mathrm{RI}}$$

$$\mathrm{CI} = \frac{\lambda_{\max} - n}{n-1}$$

基于 19 位专家评价结果，获取权重如表 4.14。

表 4.14　指标权重表

<table>
<tr><th>指标大类</th><th>指标小类</th><th>权重</th><th>权重最高总和</th><th>赋分最高总和</th></tr>
<tr><td rowspan="5">危害性指标</td><td>致癌性</td><td>0.1621</td><td rowspan="5">0.4734</td><td rowspan="5">6.6276</td></tr>
<tr><td>致突变及生殖毒性</td><td>0.0773</td></tr>
<tr><td>急性毒性</td><td>0.0873</td></tr>
<tr><td>其他毒性</td><td>0.0888</td></tr>
<tr><td>生物毒性</td><td>0.0579</td></tr>
<tr><td rowspan="2">潜在土壤污染物物理指标</td><td>蒸气压</td><td>0.0833</td><td rowspan="2">0.2234</td><td rowspan="2">1.3404</td></tr>
<tr><td>吸附率</td><td>0.1401</td></tr>
<tr><td rowspan="2">持久蓄积性指标</td><td>持久性</td><td>0.1856</td><td rowspan="2">0.3031</td><td rowspan="2">1.8186</td></tr>
<tr><td>蓄积性</td><td>0.1175</td></tr>
</table>

4.1.2　高风险污染物筛选

以 4.1.1 小节所构建的环境有毒有害污染物清单为候选名单，筛选我国环境高风险污染物清单。筛选工作包括以下三个环节：①建立初筛名单：以有毒有害污染物清单为候选污染物名单；②综合评分法筛选：分析污染物的固有危害（危害性指标、环境归趋指标）、暴露情况、健康风险及公众关注度，分级赋分，加权加和，综合排序，提出环境高风险污染物初步清单；③专家判断：结合行业专家意见，对初步清单进行验证，补充完善。

1. 评价指标识别、筛选、分级和赋分

环境高风险污染物识别和筛选评价指标共四类，分别是综合毒性指标、暴露指标、健康风险指标和公众关注度指标。根据这四类指标，对给定的环境有毒有害污染物分别计算出相对应的分值，得到各指标下的环境污染物清单排序，以获取高风险污染物清单。

1）综合毒性指标

参考有毒有害污染物筛选方法，对污染物总毒性进行分级赋分。该项指标综合考虑污染物的危害性，主要包括人体健康急、慢性效应以及生物毒性效应，污染物在环境中扩散的物理特性以及持久蓄积性。暂时可将致癌性、致突变性、生殖毒性等作为人群健康危害筛选指标，将土壤污染物对蚯蚓的毒性作为生物危害筛选指标。致癌性采用国际癌症研究机构（IARC）分级标准。人体健康急、慢性效应采用《全球化学品统一分类和标签制度》分级结果。生物危害采用《化学农药环境安全评价试验准则　第 15 部分：蚯蚓急性毒性试验》（GB/T 31270.15—2014）中的毒性分级结果。除危害筛选指标外，选择影响人群和生态环境暴露相关的污染物在环境中扩散的物理特性指标，包括蒸气压和土壤吸附率。污染物在环境中存在时间越久，蓄积程度越大，对人体健康及环境造成的危害越严重。因此，将污染物的持久性和生物蓄积性作为筛选指标。综合毒性指标分类见表 4.15。

表 4.15　综合毒性指标分类

指标	二级指标	分类
综合毒性指标	危害性指标	致癌性
		致突变及生殖毒性
		急性毒性
		其他毒性
		生物毒性
	物理特性指标	蒸气压
		吸附率
	持久蓄积性指标	持久性
		蓄积性

依据 4.1.1 小节中有毒有害污染物筛选技术体系，得到污染物的综合毒性，并对综合毒性赋予不同的分值。实际实施过程中结合文献资料，将综合毒性分为三级，分别赋值（1~3 分），危害性越大分值越高。综合毒性的分级和赋值见表 4.16。

表 4.16　综合毒性的分级和赋值

指标	总毒性分值	赋分
综合毒性	≥2	3
	≥1	2
	>0	1

2）暴露指标

参考国内外研究情况，选择检出率作为暴露指标。在知网、万方、维普以及 Web of Science、Google Scholar 中以污染物作为关键词进行检索，统计近 10 年环境中污染物检出情况。污染物检出率计算见式：

$$\text{污染物检出率}(\text{DF},\%)=\frac{\text{该污染物的检出次数}}{\text{所有污染物的最大检出次数}}\times 100\%$$

将检出率分为三级，分别赋值（1~3 分），检出率越大分值越高。检出率的分级和赋值见表 4.17。

表 4.17　检出率的分级和赋值

指标	检出率分值	赋分
检出率	DF≥75%	3
	25%≤DF<75%	2
	0%<DF<25%	1

3）健康风险指标

环境污染物的暴露评估考虑经消化道、呼吸和皮肤接触三个途径。健康风险计算方法参考《建设用地土壤污染风险评估技术导则》（HJ 25.3—2019）。考虑人群在成人期暴露的终生危害，定量计算污染物经口摄入、皮肤接触以及呼吸吸入三种途径的致癌与非致癌健康风险。污染物浓度数据主要源自近 10 年相关参考文献。环境污染物的致癌和非致癌风险计算如下：

A. 单一途径暴露的非致癌风险计算

a）呼吸吸入途径

呼吸吸入途径暴露的非致癌风险危害商采用如下公式计算：

$$HQ_{inh}=\frac{EC_{inh}}{RfC\times 1000}$$

式中：

HQ_{inh}——污染物呼吸吸入途径的危害商，无量纲；

EC_{inh}——污染物暴露浓度（μg/m³）；

RfC——污染物暴露的呼吸吸入参考浓度（mg/m³）。

b）经口摄入和皮肤接触途径

经口摄入和皮肤接触途径暴露的非致癌风险危害商采用如下公式计算：

$$HQ_i=\frac{ADD_i}{RfD_i}$$

式中：

HQ_i——污染物暴露 i 途径的危害商，无量纲；

ADD_i——污染物暴露 i 途径的日均暴露剂量[mg/(kg·d)]；

RfD_i——污染物暴露 i 途径的参考剂量[mg/(kg·d)]。

B. 单一途径暴露的致癌风险计算

a）呼吸吸入途径

呼吸吸入暴露的致癌风险采用如下公式计算：

$$R_{inh}=EC_{inh}\times URF$$

式中：

R_{inh}——污染物呼吸吸入途径的终生超额致癌风险，无量纲；

EC_{inh}——污染物暴露浓度（μg/m³）；

URF——污染物暴露的呼吸吸入单位风险因子[(μg/m³)⁻¹]。

b）经口摄入和皮肤接触途径

经口摄入或皮肤接触途径暴露的致癌风险计算采用如下公式计算：

$$R_i=ADD_i\times SF_i$$

式中：

R_i——污染物暴露 i 途径的终生超额致癌风险，无量纲；

ADD_i——污染物的日均暴露剂量[mg/(kg·d)]；

SF_i——致癌斜率因子（kg·d/mg）。

C. 多途径的暴露风险计算

环境污染物多途径暴露的非致癌风险计算公式如下：

$$HQ_{total} = HQ_{oral} + HQ_{inh} + HQ_{dermal}$$

式中：

HQ_{oral}, HQ_{inh}, HQ_{dermal}——经呼吸吸入、经口摄入、经皮肤接触途径的危害商。

环境污染物多途径暴露的致癌风险计算公式如下：

$$R_{total} = R_{oral} + R_{inh} + R_{dermal}$$

式中：

R_{oral}, R_{inh}, R_{dermal}——经呼吸吸入、经口摄入、经皮肤接触途径的终生超额致癌风险。

在获取环境污染物的多途径暴露风险后，将致癌健康风险和非致癌健康风险各分为三级，分别赋值 1~3 分，健康风险越大分值越高。对于无相应参数的数据则赋 0 分，健康风险的分级和赋值见表 4.18。

表 4.18 健康风险的分级和赋值

指标	二级指标	健康风险分值	赋分
健康风险	致癌健康风险	$R \geqslant 10^{-4}$	3
		$10^{-6} \leqslant R < 10^{-4}$	2
		$0 < R < 10^{-6}$	1
		无数据	0
	非致癌健康风险	$HQ \geqslant 10$	3
		$1 \leqslant HQ < 10$	2
		$0 < HQ < 1$	1
		无数据	0

4）公众关注度指标

统计各污染物在国内外环境质量标准/基准中的管控情况。标准包括《环境空气质量标准》（GB 3095—2012）、《地表水环境质量标准》（GB 3838—2002）、《土壤环境质量 建设用地土壤污染风险管控标准（试行）》（GB 36600—2018）、《建设用地土壤污染风险评估技术导则》（HJ 25.3—2019）、《北京市场地土壤环境风险评估筛选值》（DB 11 811—2011）、《土壤重金属风险评价筛选值 珠江三角洲》（DB 44/T

1415—2014)、《河北省农田土壤重金属污染修复技术规范》(DB 13/T 2206—2015)、湖南省《重金属污染场地土壤修复标准》(DB 43/T1165—2016)、浙江省《农产品产地环境质量安全标准》(DB 33/T 558—2005)、《上海市场地土壤环境健康风险评估筛选值(试行)》、河北省《建设用地土壤污染风险筛选值》(DB 13/T 5216—2020)、《土壤环境质量　农用地土壤污染风险管控标准(试行)》(GB 15618—2018)以及美国、奥地利、捷克、丹麦、芬兰、法国、德国、意大利、立陶宛、波兰、斯洛伐克、西班牙、瑞典、荷兰、加拿大、比利时、新西兰、英国等 30 个国家/地区的环境质量标准/基准(表 4.19)。

表 4.19　公众关注度指标：国内外管控情况的分级和赋值

指标	管控情况分值	赋分
国内外管控情况	管控标准数量≥3	3
	管控标准数量=2	2
	管控标准数量=1	1
	无数据	0

2. 权重赋值

通过专家咨询方式，利用 9 度法打分，并基于层次分析法对专家的打分进行计算，给予上述各项指标的重要性进行打分，获得各指标的权重。在此指标权重的赋值方法分为层次分析和群决策。

1）层次分析法

层次分析法首先将决策问题置于一个大系统中，这个系统中存在互相影响的多种因素，要将这些问题层次化，以形成一个多层的分析结构模型。之后运用数学方法与定性分析相结合，通过层层排序，最终根据各方案计算出所占的权重，来辅助决策。

层次分析法（AHP）确定权重的步骤如下：

（1）构造判断矩阵：以 $\boldsymbol{A}$ 表示目标，u_i, u_j（$i,j=1,2,\cdots,n$）表示因素。u_{ij} 表示 u_i 对 u_j 的相对重要性数值。并由 u_{ij} 组成 $\boldsymbol{A}$-$\boldsymbol{U}$ 判断矩阵 $\boldsymbol{P}$。

$$\boldsymbol{P}=\begin{bmatrix} u_{11} & u_{12} & \cdots & u_{1n} \\ u_{21} & u_{22} & \cdots & u_{2n} \\ \vdots & \vdots & & \vdots \\ u_{n1} & u_{n2} & \cdots & u_{nn} \end{bmatrix}$$

（2）计算重要性排序：根据判断矩阵，求出其最大特征根 λ_{max} 所对应的特征向量 $\boldsymbol{w}$。方程如下：

$$\boldsymbol{P}_w = \lambda_{\max} \cdot \boldsymbol{w}$$

所求特征向量 $\boldsymbol{w}$ 经归一化，即为各评价因素的重要性排序，也就是权重分配。

（3）一致性检验：以上得到的权重分配是否合理，还需要对判断矩阵进行一致性检验。检验使用公式：

$$\mathrm{CR} = \frac{\mathrm{CI}}{\mathrm{RI}}$$

式中：

CR——判断矩阵的随机一致性比率；

CI——判断矩阵的一致性指标，它由以下公式给出：

$$\mathrm{CI} = \frac{\lambda_{\max} - n}{n-1}$$

RI 为判断矩阵的平均随机一致性指标，1～9 阶的判断矩阵的 RI 值参见表4.20。

表 4.20　1～9 阶的判断矩阵的 RI 值

n	1	2	3	4	5	6	7	8	9
RI	0	0	0.52	0.89	1.12	1.26	1.36	1.41	1.46

当判断矩阵 $\boldsymbol{P}$ 的 CR<0.1 时或 $\lambda_{max}=n$, CI=0 时，认为 $\boldsymbol{P}$ 具有满意的一致性，否则需调整 $\boldsymbol{P}$ 中的元素以使其具有满意的一致性。

2）层次总排序检验

层次总排序这一步，需要从上到下逐层进行，最终计算得到最底层元素，即要决策方案优先次序的相对权重。

层次总排序是基于层次分析法中层次单排序的基础上给出的。层次总排序的过程与层次单排序的过程大致相同。

$$\mathrm{CR} = \frac{\mathrm{wi}_1\mathrm{CI}_1 + \mathrm{wi}_2\mathrm{CI}_2 + \cdots + \mathrm{wi}_m\mathrm{CI}_m}{\mathrm{wi}_1\mathrm{RI}_1 + \mathrm{wi}_2\mathrm{RI}_2 + \cdots + \mathrm{wi}_m\mathrm{RI}_m}$$

若总排序一致性 CR<0.1，则表示通过总排序一致性检验，否则需要重新考虑模型或重新构造一致性（CR）较大的判断矩阵。

3）群决策结论

（1）直接均值法：专家群决策的各权重结论值直接等于所有专家的各相应权重值的平均值。如果各专家的影响因子不同，则上述平均值为各专家的加权平均值。一般推荐使用此法进行群决策的求解。

（2）群决策矩阵法：通过对各专家修正后的矩阵的相应位置求几何平均值，获得群决策矩阵，在此群矩阵的基础上计算出最终的群结论。

3. 污染物筛选与排序

高风险污染物的定量筛选根据污染物的各指标得分与其权重的乘积加和计算该污染物的综合评分，污染物总得分计算如下：

$$\text{Score} = \sum w_i \times c_i$$

依据公式得出各指标的评分，根据得分对污染物进行排序，列出各指标前 50 名的清单，汇总综合得分，得出综合得分前 50 名的清单。

4.2　毒性参数的确定

高风险污染物清单确定后，与现有国内外健康毒性数据库（见第 2 章）进行比对，针对已收录的污染物，开展毒性参数整编，毒性参数元数据提取和本土化等工作。针对未收录的高风险污染物，其毒性参数主要通过如下 3 种方法获取：①利用现有相关文献，提取所需毒性参数元数据，在此基础上利用 NOAEL/LOAEL 法和基准剂量法（BMD），构建剂量-效应模型，通过关键效应分析，获取相应毒性参数；②若该污染物缺乏相关文献，在此情景下可通过开展亚慢性毒性实验，以获得剂量和效应数据，从而构建剂量-效应模型，获取相应毒性参数；③上述亚慢性毒性实验通常对人力和经费需求较高，无法实现大规模环境污染物的毒性参数获取工作，在此情景下通过计算毒理学方法如 QSAR 模型等对污染物毒性参数进行评估。

第 5 章　基于现有数据库的毒性参数整编与本土化

基于数据库分析的毒性参数整编适用于现有国内外数据库中已有毒性参数的污染物。主要工作内容包括毒性参数整编、毒性参数元数据提取和毒性参数本土化推导。

5.1　毒性参数分析

依据数据库系统性、权威性、应用广泛性，是否经同行评议及美国环境保护署“区域筛选值（Regional Screening Levels）总表”的排序确定毒性数据库优先级，毒性数据库优先级分类结果如下：

（1）综合风险信息系统（IRIS）；

（2）暂行同行评议毒性值（PPRTV）；

（3）农药人体健康基准（HHBP）；

（4）美国毒理学概况数据库（ATSDR）；

（5）OEHHA 化学品数据库（OEHHA）；

（6）TRPR 保护浓度水平（TRPR）；

（7）暂行同行评议毒性筛选值（PPRTV screening values）；

（8）健康影响评价概要表（HEAST）。

以目标污染物的名称（CAS 号、中文名称、英文名称）作为身份识别 ID，根据数据库优先级，查阅现有健康毒性数据库，以获取相关毒性参数，完成污染物指标清单，形成初始毒性数据集。毒性参数提取和整编示例见表 5.1。

表 5.1　毒性参数提取和整编示例

致癌毒性参数						慢性非致癌毒性参数								急性毒性指标			
SF_o [mg/(kg·d)]$^{-1}$	来源	IUR (μg/m^3)$^{-1}$	来源	DUR (μg/L)$^{-1}$	来源	RfD [mg/(kg·d)]	来源	RfC (mg/m^3)	来源	ABS_{gi}	来源	ABS_d	来源	aRfD [mg/(kg·d)]	来源	aRfC (mg/m^3)	来源
CAS 123-91-1 1,4-二噁烷																	
1.00×10^{-1}	I	5.00×10^{-6}	I	2.90×10^{-6}	I	3.00×10^{-2}	I	3.00×10^{-2}	I	1	RSL	—	—	5.00	ATSDR	7.21	ATSDR

续表

致癌毒性参数						慢性非致癌毒性参数								急性毒性指标			
SF_o $[mg/(kg \cdot d)]^{-1}$	来源	IUR $(\mu g/m^3)^{-1}$	来源	DUR $(\mu g/L)^{-1}$	来源	RfD $[mg/(kg \cdot d)]$	来源	RfC (mg/m^3)	来源	ABS_{gi}	来源	ABS_d	来源	aRfD $[mg/(kg \cdot d)]$	来源	aRfC (mg/m^3)	来源
CAS 127-18-4 四氯乙烯																	
2.10×10^{-3}	I	2.60×10^{-7}	I	6.10×10^{-8}	I	6.00×10^{-3}	I	4.00×10^{-2}	I	1	RSL	—	—	8.00×10^{-3}	ATSDR	4.07×10^{-2}	ATSDR
CAS 56-23-5 四氯化碳																	
7.00×10^{-2}	I	6.00×10^{-6}	I	2.00×10^{-6}	I	4.00×10^{-3}	I	1.00×10^{-1}	I	1	RSL	—	—	2.00×10^{-2}	ATSDR	1.90	ATSDR

注：I 表示综合风险信息系统（IRIS）；RSL 为美国区域筛选值；ATSDR 为美国毒理学概况数据库

5.2　毒性参数元数据整编

针对基于现有数据库的毒性参数，获取相应技术报告和参考文献原文，提取毒性参数推导过程中所涉及的重要信息，如实验动物、暴露试剂浓度和纯度、暴露途径、实验动物数量和分组情况、暴露时长、起算点（point of departure，POD）、关键毒性效应、靶器官、致癌效应、不确定系数等。具体示例见表 5.2。

表 5.2　毒性元数据提取——以砷为例

致癌毒性元数据		慢性非致癌毒性元数据		急性毒性元数据	
经口摄入致癌斜率因子 $SF_o[mg/(kg \cdot d)]^{-1}$		经口摄入慢性参考剂量 $RfD_o[mg/(kg \cdot d)]$		经口摄入急性参考剂量 $aRfD_o[mg/(kg \cdot d)]$	
EPA 癌症分级	A（人类致癌物）	系统	心血管系统，皮肤	系统	胃肠道
肿瘤部位	皮肤	关键效应	色素沉着过度，角化病和可能的血管并发症	关键效应	面部水肿和胃肠道症状（恶心，呕吐，腹泻）
肿瘤类型	皮肤癌	起算点	NOAEL: 0.0008 mg/(kg·d)	起算点	LOAEL: 0.05 mg/(kg·d)
物种类型	人类	物种类型	人类	物种类型	人类
外推方法	多阶段模型的时间和剂量相关公式	不确定系数	3	不确定系数	10
参考文献	[1, 2]	修正因子	1	修正因子	—
		置信度	中等	置信度	—
		参考文献	[1, 2]	参考文献	[3]

续表

致癌毒性元数据		慢性非致癌毒性元数据		急性毒性元数据	
呼吸吸入单位致癌风险 IUR (mg/m^3) $^{-1}$		呼吸吸入慢性参考浓度 RfC (mg/m^3)		呼吸吸入急性参考浓度 aRfC (mg/m^3)	
EPA 癌症分级	A（人类致癌物）	系统	生殖/发育系统，心血管系统，神经系统，肺，皮肤	系统	生殖/发育系统，心血管系统，神经系统
肿瘤部位	呼吸道	关键效应	智力功能下降，对神经行为发育的不利影响	关键效应	胎儿体重下降
肿瘤类型	肺癌	起算点	LOAEL: 2.27 μg/L	起算点	LOAEL: 0.26 mg/m^3 As_2O_3 (0.197 $mgAs/m^3$)
物种类型	人类	物种类型	人类	物种类型	大鼠
外推方法	绝对风险线性模型	不确定系数	30	不确定系数	1000
参考文献	[4-8]	修正因子	—	修正因子	—
		置信度	—	置信度	—
		参考文献	[9, 10]	参考文献	[11]

5.3　毒性参数本土化推导

目前该部分收集、整编的毒性参数均来自国外现有毒性数据库。通过对上述毒性参数的元数据进行收集和整编，发现部分基于人群研究获取的毒性参数在推导过程中，涉及暴露参数（如饮水量、体重等）的选用。国外数据库中选用的暴露参数均是国外人群生理和日常行为特征数据。不同国家/地区的暴露参数由于不同人群存在显著差异，例如我国大陆地区成年人饮水量为 1.85 L/d，美国成年人为 1.2 L/d，我国台湾地区成年人饮水量达 4.5 L/d。毒性参数的本土化改造基于中国人群暴露参数进行，具体参考我国生态环境部《中国人群暴露参数手册》(儿童卷：0~5 岁；儿童卷：6~17 岁；成人卷）[12]。

以砷的 RfD_o 本土化为例，对本土化过程进行说明。在开展本土化之前，首先明确该毒性参数的最初来源和推导过程。在对该毒性参数元数据梳理的过程中，我们发现该毒性参数的获取主要依据我国台湾地区所开展的一项探讨饮用水砷暴露与乌脚病之间剂量-效应关系的研究[1]。该研究共招募 40421 人，其中包含乌脚病患者 1108 人，同时对采自 114 口水井的水样进行了砷含量测定。美国 EPA 国家环境评估中心针对该研究利用NOAEL/LOAEL方法获取毒性参数推导的起算点(POD)，其中将井水砷含量 9 μg/L 定义为 NOAEL。我国台湾地区当地人群每日饮水量约为

4.5 L，平均体重为 55 kg。因此，原始 $\text{RfD}=\dfrac{0.009\ \text{mg/L}\times 4.5\ \text{L/d}+0.002\ \text{mg/d}}{55\ \text{kg}}$ $=0.0008\ \text{mg/(kg}\cdot\text{d)}$。然而我国大陆地区人群每日饮水量仅为 1.85 L，平均体重为 60.6 kg。在此基础上，利用我国大陆地区人群每日饮水量和平均体重进行替换，最终 $\text{RfD}_{\text{Local}}=\dfrac{0.009\ \text{mg/L}\times 1.85\ \text{L/d}+0.002\ \text{mg/d}}{60.6\ \text{kg}}=0.0003\ \text{mg/(kg}\cdot\text{d)}$。

表 5.3 和表 5.4 分别为本土化慢性和急性毒性参数列表。

参 考 文 献

[1] 环境保护部. 中国人群暴露参数手册. 北京：中国环境出版社, 2013.

[2] Tseng W-P. Effects and dose-response relationships of skin cancer and blackfoot. Environmental Health Perspectives, 1977, 19: 109-119.

[3] Moeller H C, Rider J A. Plasma and red blood cell cholinesterase activity as indications of the threshold of incipient toxicity of ethyl-p-nitrophenyl thionobenzenephosphonate (EPN) and malathion in human beings. Toxicology and Applied Pharmacology, 1962, 4: 123-130.

[4] FDA (Food and Drug Administration). Evaluation of the Health Aspects of Benzoic Acid and Sodium Benzoate as Food Ingredients. DHEW, Washington, DC. Report No. SCOGS-7. NTIS PB-223 837/6, 1973.

[5] Freeland-Graves J H, Bales C W, Behmardi F. Manganese requirements of humans. In: Nutritional Bioavailability of Manganese, C. Kies, ed. American Chemical Society, Washington, DC. p. 90-104, 1987.

[6] NRC (National Research Council). Recommended Dietary Allowances, 10th ed. Food and Nutrition Board, National Research Council, National Academy Press, Washington, DC. p. 230- 235, 1989.

[7] WHO (World Health Organization). Trace Elements in Human Nutrition: Manganese. Report of a WHO Expert Committee. Technical Report Service, 532, WHO, Geneva, Switzerland. p. 34-36, 1973.

[8] Koval'skiy V V, Yarovaya G A, Shmavonyan D M. Changes of purine metabolism in man and animals under conditions of molybdenum biogeochemical provinces. Zhurnal Obshchei Biologii, 1961, 22: 179-191.

[9] Tseng W P, Chu H M, How S W, et al. Prevalence of skin cancer in an endemic area of chronic arsenicism in Taiwan. Journal of the National Cancer Institute, 1968, 40: 453-463.

[10] Yadrick M K, Kenney M A, Winterfeldt E A. Iron, copper, and zinc status: response to supplementation with zinc or zinc and iron in adult females. American Journal of Clinical Nutrition, 1989, 49: 145-150.

[11] Fischer P W, Giroux A, L'Abbe M R. Effect of zinc supplementation on copper status in adult man. American Journal of Clinical Nutrition, 1984, 40: 743-746.

[12] Davis C D, Milne D B, Nielsen F H. Changes in dietary zinc and copper affect zincstatus indicators of postmenopausal women, notably, extracellular superoxide dismutase and amyloid precursor proteins. American Journal of Clinical Nutrition 2000, 71: 781-788.

[13] Milne D B, Davis C D, Nielsen F H. Low dietary zinc alters indices of copper function and status in postmenopausal women. Nutrition, 2001, 17: 701-708.

[14] Yang G, Yin S, Zhou R, et al. Studies of safe maximal daily dietary Se-intake in a seleniferous area in China. II. Relation between Se- intake and the manifestation of clinical signs and certain biochemical alterations in blood and urine. Journal of Trace Elements and Electrolytes, 1989, 3(2): 123-130.

[15] Frykman E, Bystrom M, Jansson U, et al. Side effects of iron supplements in blood donors: Superior tolerance of heme iron. Journal of Laboratory and Clinical Medicine, 1994, 123(4): 561-564.

[16] Roche M, Layrisse M. Effect of cobalt on thyroidal uptake of I131. Journal of Clinical Endocrinology & Metabolism, 1956, 16: 831-833.

[17] Rothman N, Li G L, Dosemeci M, et al. Hematotoxicity among Chinese workers heavily exposed to benzene. American Journal of Industrial Medicine, 1996, 29: 236-246.

[18] NTP (National Toxicology Program). Toxicology and carcinogenesis studies of hydroquinone (CAS No. 123-31-9) in F344/N rats and B6C3F1 mice (gavage studies). NTP TR 366. NIH Publication No. 90-2821, 1989.

[19] Li Y, Liang C, Slemenda C W, et al. Effect of Long-Term Exposure to Fluoride in Drinking Water on Risks of Bone Fractures. Journal of Bone and Mineral Research, 2001, 16: 932-939.

[20] Gaul L E, Staud A H. Clinical spectroscopy. Seventy cases of generalized argyrosis following organic and colloidal silver medication. Journal of the American Medical Association, 1935, 104: 1387-1390.

[21] Goodman L S, Gilman A. The pharmacological basis of therapeutics, 7th ed. New York: The Macmillan Co, 1985.

[22] Pizarro F, Olivares M, Gidi V, Araya M. The Gastrointestinal Tract and Acute Effects of Copper in Drinking Water and Beverages. Reviews on Environmental Health, 1999, 14: 231-238.

[23] Mizuta N, Mizuta M, Fukashi I, et al. An outbleak of acute arsenic poisoning caused by arsenic contaminated soy-sauce (SHYU): A clinical report of 220 CACES. Bulletin of Yamagachi Medical School, 1956, 4: 131-149.

表 5.3　经口摄入慢性参考剂量 RfD_o[mg/(kg·d)]的本土化

序号	CAS 号	中文名称	试验对象	暴露方法	研究人群体重(kg)	饮水量(L/d)	起算点 POD	原 RfD [mg/(kg·d)]	RfD 本土化	参考文献
1	121-75-5	马拉硫磷	5 名健康男性志愿者（年龄 22~63 岁）	明胶胶囊（8 mg/d，持续 32 天，16 mg/d，持续 47 天，或 24 mg/d，持续 56 天）	70	—	NOAEL: 16 mg/d	4.00×10^{-2}	NOAEL=16 mg/d ÷ 60.6 kg = 0.26 mg/(kg·d) RfD = NOAEL ÷ (UF × MF) = 0.26 mg/(kg·d) ÷ (10×1) = 0.026 mg/(kg·d)	[3]
2	65-85-0	苯甲酸	—	根据作为食品防腐剂生产的苯甲酸和苯甲酸钠量的数据，FDA（1973）估计，苯甲酸和苯甲酸钠的人均日摄入量分别为 0.9~34 mg 和 34~328 mg，在此剂量下，未报道对人类的毒性效应	70	—	NOAEL: 甲酸 312 mg/d（苯甲酸 34 mg/d，苯甲酸钠 328 mg/d）	4.00	NOAEL= 312 mg/d ÷ 60.6 kg = 5.1 mg/(kg·d) RfD = NOAEL ÷ (UF×MF) = 5.1 mg/(kg·d) ÷ (1×1) = 5.1 mg/(kg·d)	[4]
3	7439-96-5	锰	—	—	70	—	NOAEL: 10 mg/d	1.4×10^{-1}	NOAEL= 10 mg/d ÷ 60.6 kg = 0.17 mg/(kg·d) RfD = NOAEL ÷ (UF×MF) = 0.17 mg/(kg·d) ÷ (1×3) = 0.06 mg/(kg·d)（当评估饮用水或土壤中锰的风险时，建议采用修正系数 3）	[5-7]
4	7439-98-7	钼	高 Mo 地区人群	—	70	—	NOAEL: 10 mg/d	5.00×10^{-3}	LOAEL= 10 mg/d ÷ 60.6 kg = 0.17 mg/(kg·d) RfD = NOAEL ÷ (UF×MF) = 0.17 mg/(kg·d) ÷ (30×1) = 0.006 mg/(kg·d)	[8]
5	7440-38-2	砷	我国台湾地区西南海岸的 40421 名居民	暴露人群饮用含砷井水	70	4.5	NOAEL: 0.009 mg/L	3.00×10^{-4}	NOAEL=［（0.009 mg/L×1.85 L/d) + 0.002 mg/d（食物贡献）］/ 60.6 kg = 0.0003 mg/(kg·d)； RfD = NOAEL/ (UF×MF) = 0.0003 mg/(kg·d) ÷ (3×1) = 0.0001 mg/(kg·d)	[2, 9]

续表

序号	CAS 号	中文名称	试验对象	暴露方法	研究人群体重(kg)	饮水量(L/d)	起算点 POD	原 RfD [mg/(kg·d)]	RfD 本土化	参考文献
6	7440-66-6	锌	Yadrick 等（1989）研究：一组健康成人妇女；Fischer 等（1984）研究：13 名健康男性志愿者；Davis 等（2000）和 Milne（2001）的研究：一组绝经后的妇女	除日常饮食摄入锌外，通过胶囊额外补充锌	Yadrick 等（1989）研究：60 kg；Fischer 等（1984）研究：70 kg；Davis 等（2000）和 Milne（2001）的研究：采用平均体重 65.1 kg	—	Yadrick 等（1989）研究：59.38 mg/d (LOAEL)；Fischer 等(1984)研究：65.92 mg/d (LOAEL)；Davis 等(2000)和 Milne (2001)的研究：53 mg/d (LOAEL)	3.00×10^{-1}	LOAEL = (59.38 mg/d ÷ 56.8 kg + 65.92 mg/d ÷ 65.0 kg + 53 mg/d ÷ 65.1 kg) ÷ 3 = 0.96 mg/(kg·d) RfD = LOAEL ÷ (UF×MF) = 0.96 mg/(kg·d) ÷ (3×1) = 0.32 mg/(kg·d)	[10-13]
7	7782-49-2	硒	生活在我国环境硒浓度异常高地区的 400 人	—	55	—	NOAEL: 0.853 mg/d	5.00×10^{-3}	NOAEL= 0.853 mg/d ÷ 60.6 kg = 0.014 mg/(kg·d) RfD = NOAEL ÷ (UF×MF) = 0.014 mg/(kg·d) ÷ (3×1) = 0.0047 mg/(kg·d)	[14]
8	7439-89-6	铁	瑞典男性[n=25；平均年龄 45 岁（范围 40~52）]和女性[n=23；平均年龄 41 岁（范围 34~45 岁）]成年献血者	成年献血者进行了每日口服富马酸铁治疗的副作用评估，研究对象每天服用 60 mg 元素铁（富马酸铁），为期一个月，每个研究对象作为自己的安慰剂对照	70	—	LOAEL: 71 mg/d	7.00×10^{-1}	LOAEL=(60 mg 元素铁/d + 11 mg 元素铁/d) ÷ 60.6 kg = 1.17 mg/(kg·d) RfD = LOAEL ÷ (UF×MF) = 1.17 mg/(kg·d) ÷ (1.5×1) = 0.8 mg/(kg·d)	[15]

续表

序号	CAS 号	中文名称	试验对象	暴露方法	研究人群体重(kg)	饮水量(L/d)	起算点 POD	原 RfD [mg/(kg·d)]	RfD 本土化	参考文献
9	7440-48-4	钴	12 名甲状腺功能正常人群	患者接受 150 mg $CoCl_2$/d 治疗 2 周	70	—	LOAEL: 1 mg/(kg·d)	3.00×10^{-3}	LOAEL= 68 mgCo/d ÷ 60.6 kg = 1.12 mg/(kg·d) RfD = LOAEL ÷ (UF×MF) = 1.12 mg/(kg·d) ÷ (300×1) = 0.004 mg/(kg·d)	[16]
10	71-43-2	苯	44 名接触苯的工人和 44 名年龄和性别匹配的对照人群	苯职业暴露的平均年数为 6.3±4.4，范围为 0.7~16 年。在采集血样前的 1~2 周内，通过佩戴有机蒸气被动剂量测定徽章对苯暴露进行监测	70	—	BMCL = 1.2 mg/(kg·d)（BMCL (mg/m^3) = 7.2 ppm×MW/24.45 = 23 mg/m^3，BMCL(ADJ)= 23 mg/m^3× 10 m^3/20 m^3×5 d/7d = 8.2 mg/m^3，BMDL(ADJ) = 8.2 mg/m^3×20 m^3/d×0.5÷70 kg = 1.2 mg/(kg·d)	4.00×10^{-3}	BMDL（ADJ）= 8.2 mg/m^3×20 m^3/d×0.5÷60.6 kg = 1.35 mg/(kg·d) RfD = BMDL (ADJ) ÷ (UF×MF) = 1.35 mg/(kg·d)÷ (300×1) = 0.005 mg/(kg·d)	[17]
11	123-31-9	对苯二酚	2 名男性；17 名男性和女性	2 名男性每天摄入 500 mg，连续 5 个月；17 名男性和女性（数字/性别未报告）每天摄入 300 mg，持续 3~5 个月。每日化学物质总摄入量分三次随餐摄入	70	—	NOAEL: 4.3 mg/(kg·d)	4.00×10^{-2}	NOAEL= 300 mg/d ÷ 60.6 kg = 5.0 mg/(kg·d) RfD = NOAEL ÷ (UF×MF) = 5.0 mg/(kg·d) ÷ (100×1) = 0.05 mg/(kg·d)	[18]

续表

序号	CAS 号	中文名称	试验对象	暴露方法	研究人群体重(kg)	饮水量(L/d)	起算点 POD	原 RfD [mg/(kg·d)]	RfD 本土化	参考文献
12	7681-49-4	氟化钠	来自中国六个农村社区的受试者（年龄>50 岁；平均年龄 63~64 岁）	水中氟化物浓度为 0.25~0.34 ppm、0.58~0.73 ppm、1.00~1.06 ppm、1.45~2.19 ppm、2.62~3.56 ppm 和 4.32~7.97 ppm。作者计算出每日氟摄入量为 0.7 mg/d、2 mg/d、3 mg/d、7 mg/d、8 mg/d 和 14 mg/d	55	—	NOAEL: 0.15 mg/(kg·d)	5.00×10^{-2}	NOAEL= 8 mg/d ÷ 60.6 kg = 0.13 mg/(kg·d) RfD = NOAEL ÷ (UF×MF) = 0.13 mg/(kg·d) ÷ (3×1) = 0.04 mg/(kg·d)	[19]
13	7440-22-4	银	70 例有机银和胶体银药物治疗后全身性银屑病病例	他们在 2~9.75 年的时间内接受了 31~100 次静脉注射胂苯那敏银（总剂量为 4~20 g）	70	—	LOAEL: 1 g Ag (4 g × 0.23, 胂苯那敏银中银的含量)转化为经口剂量为 0.014 mg/(kg·d) (1 g÷ 0.04(Ag 的口服滞留因子)÷ 70 kg ÷ 25500 d (寿命 70 年))	5.00×10^{-3}	LOAEL= (4 g × 0.23 ÷ 0.04) ÷ 60.6 kg ÷ 27300 d = 0.014 mg/(kg·d) RfD = LOAEL ÷ (UF×MF) = 0.014 mg/(kg·d) ÷ (3×1) = 0.005 mg/(kg·d)	[20]
14	302-17-0	水合氯醛	—	成人镇静剂的推荐剂量为 250 mg，每天 3 次	70	—	LOAEL: 10.7 mg/(kg·d) (250 mg × 3/d÷70 kg)	1.00×10^{-1}	NOAEL= 250 × 3 mg/d ÷ 60.6 kg = 12.4 mg/(kg·d) RfD = NOAEL ÷ (UF×MF) = 12.4 mg/(kg·d) ÷ (100×1) = 0.124 mg/(kg·d)	[21]

续表

序号	CAS 号	中文名称	试验对象	暴露方法	研究人群体重(kg)	饮水量(L/d)	起算点 POD	原 RfD [mg/(kg·d)]	RfD 本土化	参考文献
15	7439-89-6	铁	瑞典男性[n=25；平均年龄 45 岁（范围 40~52 岁）]和女性[n=23；平均年龄 41 岁（范围 34~45 岁）]	研究中使用富马酸铁进行每日口服治疗，研究对象每天服用 60 mg 元素铁作为富马酸铁的每日剂量，每个研究对象作为自己的安慰剂对照	70	—	LOAEL: 1mg/(kg·d)（60 mg 元素铁/d 的富马酸亚铁 + 六个欧洲国家的估计平均膳食摄入量为 11 mg 元素铁/d（NAS，2001））	7.00×10^{-1}	LOAEL= (60 mg/d + 11 mg/d) ÷ 60.6 kg = 1.17 mg/(kg·d) RfD = LOAEL ÷ (UF×MF) = 1.17 mg/(kg·d) ÷ (1.5×1) = 0.8 mg/(kg·d)	[15]

表 5.4 经口摄入急性参考剂量 aRfD[mg/(kg·d)]的本土化

序号	CAS 编号	中文名称	试验对象	暴露方法	研究人群体重（kg）	饮水量(L/d)	起算点 POD	原 aRfD [mg/(kg·d)]	aRfD 本土化	参考文献
1	7440-50-8	铜	60 名健康女性（平均年龄 32.9~36.3 岁）	每周受试者接受一个装有硫酸铜溶液的瓶子，并要求将瓶子中的内容物与 3 L 水混合，这些水被用来饮用和烹饪	平均体重 64 kg	1.57~1.99 L（平均 1.81 L）	NOAEL: 1.74 mg/d (1.0 mg Cu^{2+}/L)	1.00×10^{-2}	NOAEL= （1.74 mg/d（水）+ 1.7 mg/d（饮食））÷ 64 kg = 0.054 mg/(kg·d) aRfD = NOAEL ÷ (UF×MF) = 0.054 mg/(kg·d) ÷ (3×1) = 0.02 mg/(kg·d)	[22]
2	7440-38-2	砷	日本 220 例因酱油中含砷引起的中毒病例	—	假设亚洲人的平均体重 55 kg	—	LOAEL: 3 mg/d	5.00×10^{-3}	LOAEL = 3 mg/d ÷ 60.6 kg = 0.05 mg/(kg·d) aRfD = LOAEL ÷ (UF×MF) = 0.05 mg/(kg·d) ÷ (10×1) = 0.005 mg/(kg·d)	[23]

第 6 章　基于文献分析的毒性参数整编与推导

基于文献分析的毒性参数整编和推导，适用于现有毒性数据库中毒性参数不足或需进一步更新的污染物。主要工作内容包括筛选目标环境污染物毒性评估相关文献，基于标准化筛选原则，确定可用于危害识别和剂量-效应评估的文献，对文中相关数据进行提取，后利用剂量-效应模型开展毒性参数推导工作。

6.1　文 献 整 编

6.1.1　文献检索

依托文献检索引擎，其中外文文献检索以 PubMed 为主，以 ScienceDirect、SpringerLink、Wiley-Blackwell 等全文数据库为补充。中文文献检索以中国知网为主，并以万方、维普等全文数据库作为补充。以目标污染物的名称（中文名称、英文名称、同义词）作为关键词，收集该污染物的毒性研究相关文献。

6.1.2　文献筛选原则

对收集的文献进行三次筛选，以筛选能够提供剂量-效应关系的候选文献：

（1）一次筛选：对收集的文献进行第一轮初步筛选。根据设定的相关条件（题目或关键词中出现目标污染物中英文名称，发表杂志为 JCR 二区及以上或中文核心期刊）获取初筛文献清单。

（2）二次筛选：针对初筛文献清单，排除非毒理学、流行病学等文献，排除多种化合物联合作用（或混合物）的文献，排除无对照组或对照组未与处理组同时进行实验的文献，获取详筛文献清单。

（3）三次筛选：在详筛文献清单基础上，筛选能够提供剂量-效应关系分析的候选文献（表 6.1）。对候选文献按照组织或器官、关键效应（呼吸系统、免疫系统、胃肠道系统、心血管系统、肌肉和骨骼、皮肤、发育系统、泌尿系统、内分泌、肝、血液、神经系统、生殖系统、眼和其他）及实验生物种类（人群、大鼠、小鼠、灵长类等）进行分类统计。

表 6.1　剂量-效应关系分析的候选文献

要素	纳入范围
研究物种	● 人群研究：不同人种、不同生命阶段、一般人群或职业人群、敏感人群等 ● 模式动物：不同生命阶段的哺乳类模式动物研究，如孕前、孕期、哺乳期、青春期和成年期（一些特殊情况下非哺乳类动物研究也可收录，如神经毒性研究可将斑马鱼和线虫等研究纳入）
暴露	● 人群研究：任何可获取的暴露于目标化学物质的人群研究（经口、经呼吸和经皮肤暴露） ● 动物研究：任何可获取的经口、经呼吸和经皮肤暴露目标化学物质的动物研究；在模式动物研究中还需注意，如果是多种化学物质复合暴露，通常不被纳入，但如果该研究中还单独讨论了目标化学物质的毒性效应，则可保留 ● 暴露所用试剂可为目标化学物质本体、相对应化合物或代谢产物
对照比较	● 对照组人群：低剂量组暴露人群；内负荷水平低于检出限的人群；病例对照研究中的对照组人群；在职业暴露研究中，虽然可能缺失对照组，但仍将相关研究纳入剂量-效应关系研究 ● 对照组动物：未经目标污染物暴露的，其他操作与暴露组完全相同的实验动物组
健康效应	● 健康效应限定在临床诊断标准、疾病结局、组织病理学检查或其他穿刺和表型检查结果

在上述文献筛选过程中，针对未纳入剂量-效应关系分析的候选文献，有部分可列入补充文献：

（1）未包含原始数据的研究：如综述、杂志社论、评论研究等；

（2）机制研究：以不良健康效应的上游生物指示物作为健康结局的研究；

（3）非哺乳类模式动物研究：以鱼类、鸟类、线虫等非哺乳类模式动物为研究对象的文献作为补充文献；

（4）毒代动力学研究；

（5）经典药代动力学研究；

（6）生理药代动力学研究；

（7）暴露特征研究：该类研究通常不包括健康效应终点，但是通常会提供目标化学物的暴露来源和不同环境介质中的浓度范围；

（8）复合暴露型研究：复合暴露型研究通常被列为补充型文献，除非这些复合暴露型是流行病学研究或在复合暴露研究中针对目标污染物进行了单独讨论；

（9）暴露途径不符合 PECO 要求的研究：暴露途径不在 PECO 要求范围内，如静脉注射、腹腔注射和皮肤接触等；

（10）人群案例报告型研究：研究对象少于 3 人，缺少对照组的研究（职业暴露研究除外）。

为保证上述文献筛选结果的质量尤其是剂量-效应关系分析的候选文献，文献筛选由两个团队分别完成。针对筛选结果，如存在差异，由两团队协商讨论最终提出统一的剂量-效应关系分析候选文献清单。

6.1.3　文献筛选示例

以磷酸三苯酯为例，使用英文名“triphenyl phosphate”在 PubMed 上进行检索，共获得 559 篇文献（图 6.1）。在此基础上，开展一次筛选，排除题名或摘要不包含“triphenyl phosphate”的文献，获得初筛文献清单，共 225 篇。在初筛清单基础上，排除非毒理学和流行病学研究，排除多种化合物联合作用（或混合物）的文献，排除无对照组或对照组未与处理组同时进行实验的文献，获取详筛文献清单（28 篇文献）。在详筛文献清单基础上，对 28 篇文献进行全文阅览，排除无法获取剂量-效应关系数据的 10 篇文献，共剩余 18 篇文献，后进行剂量-效应关系数据的提取（图 6.1）。

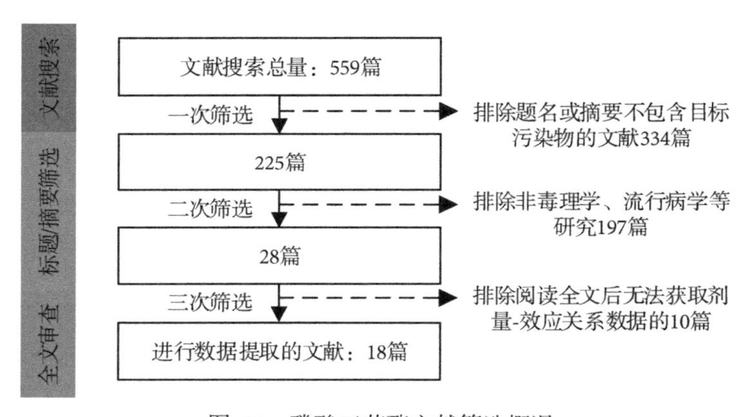

图 6.1　磷酸三苯酯文献筛选概况

6.2　毒性元数据整编和质量评价

6.2.1　毒性元数据整编

针对 6.1.2 小节文献筛选部分所选出的剂量-效应关系候选文献，需对其中包含的所需信息进行整编，主要包括化学物质名称、化学试剂纯度、物种信息、实验类型（如急性毒性实验、慢性毒性实验、全生命周期等）、实验分组情况、样本量、暴露途径、暴露时间、暴露剂量、毒性效应、作用器官（表 6.2）。

表 6.2　文献毒性元数据整编内容填写要求

数据项	填写要求
化学物质名称	分别填入化学物质的中文和英文名称。具体填写要求如下： ● 实验化学物质不是直接加入，而是通过中和反应或添加一种盐而改变了实验化学物质，应该进行必要的加工，填入实验生物实际暴露的化学物质信息 ● 如果化学物质没有 CAS 号，或化学物质不止一个 CAS 号，需检查其分子式以得到化学名称 ● 如果资料中使用了化学物质的水合物，应在此数据项填入化学物质的水合物名称
化学试剂纯度	填入资料中化学试剂纯度如分析纯、色谱纯等，同时还应记录纯度值或有效成分的百分数值
物种信息	填入实验生物物种学名、拉丁名称、俗名等，并填入实验生物物种在生物分类学上对应的门、科、属、种名称
实验类型	填入毒性实验类型，如急性毒性实验、亚慢性毒性实验、慢性毒性实验、全生命周期实验
实验分组情况	填入实验中施用污染物的剂量总数。具体填写要求如下： ● 每个实验对照组施用的污染物剂量数也计算在内 ● 不包括平行实验的暴露剂量数
样本量	填入暴露实验开始时，每个剂量或浓度水平的实验动物数量
暴露途径	经口暴露、经呼吸暴露、静脉注射、腹腔注射等
暴露时间	暴露时间指毒性实验得出统计终点值时，实验生物暴露在污染物中的时间
暴露剂量	填入每个实验动物组的暴露浓度水平
毒性效应	毒性效应是指由于污染物暴露的刺激作用，实验中观察到的生物毒性反应，其中包括生长效应、生殖效应、致癌效应等
作用组织（器官）	填入上述毒性效应对应的组织或器官，如呼吸系统、免疫系统、胃肠道系统、心血管、皮肤、肝、血液、神经系统等

6.2.2　毒性元数据整编示例

以磷酸三苯酯（triphenyl phosphate，CAS 115-86-6）数据整编为例，我们选择 Cui 等[1]2020 年在 *Environment International* 上发表的一篇论文，该论文探讨了不同暴露浓度磷酸三苯酯对雄性 C57BL/6J 小鼠肾脏及肠道菌群影响，暴露时长为 12 周（属亚慢性毒性实验）。由于肠道菌群并非临床诊断指标、疾病结局、组织病理学检查或其他穿刺和表型检查结果，在此重点关注肾脏相关的生理生化指标，如尿总蛋白（UTP）、尿微量白蛋白（UmALB）、肾脏甘油三酯和总胆固醇等。针对这篇论文，提取具体毒性元数据（表 6.3）。

表 6.3　磷酸三苯酯模式动物实验研究毒性元数据提取示例

在不同饮食条件下磷酸三苯酯暴露诱导小鼠肾脏结构损伤和肠道微生物群紊乱	
数据项	提取的数据
化学物质名称	triphenyl phosphate
化学试剂纯度	—
物种信息	雄性 C57BL/6J 小鼠
实验类型	亚慢性毒性实验
实验分组情况	C57BL/6J 小鼠随机分为 3 组，每组 8 只：①正常饮食喂养组（对照组）；②低剂量[0.01 mg/(kg·d)]TPP 组（TPP-L）；③高剂量[1 mg/(kg·d)]TPP 组（TPP-H）
样本量	每组 8 只小鼠
暴露途径	饮食经口暴露
暴露时间	12 周
参数监测	肾脏中的甘油三酯、总胆固醇、白细胞介素-1β（IL-1β）和白细胞介素-6（IL-6）水平测定；尿液分析；肾脏组织病理学
暴露剂量	0, 0.01 mg/(kg·d), 1 mg/(kg·d)
毒性效应	尿液中 UTP 和 UmALB 水平的升高
作用组织（器官）	肾

毒性参数推导过程中最重要的是剂量-效应关系数据，以 Cui 等关于磷酸三苯酯（triphenyl phosphate，CAS 115-86-6）的研究为例，对肾脏相关的生理生化指标进行剂量-效应关系相关数据提取，具体如表 6.4。

表 6.4　剂量-效应关系数据提取示例

剂量 [mg/(kg·d)]	尿中 UTP 水平（mg/L）	标准误差	剂量 [mg/(kg·d)]	肾脏甘油三酯水平（mmol/g 蛋白质）	标准误差
0	396.55	±34.48	0	0.30	±0.007
0.01	551.72	±41.38	0.01	0.32	±0.009
1	737.93	±48.28	1	0.34	±0.010
剂量 [mg/(kg·d)]	尿中 UmALB 水平（μg/mL）	标准误差	剂量 [mg/(kg·d)]	肾脏总胆固醇水平（mmol/g 蛋白质）	标准误差
0	0.18	±0.06	0	0.31	±0.046
0.01	0.39	±0.09	0.01	0.44	±0.119
1	0.66	±0.20	1	0.60	±0.083

6.2.3 毒性参数元数据质量评价

按照统一的数据质量评价程序、方法和标准，判断其对应的研究设计是否合理，实验操作是否得当，分析是否准确等。数据评价的原则包括：

（1）对于动物实验文献，应重点评价原始文献的研究设计、暴露测量、效应测量、数据分析和结果报告等内容，参照《化学品 急性吸入毒性试验方法》（GB/T 21605）、《化学品 急性经口毒性试验 急性毒性分类法》（GB/T 21757）、《化学品 慢性毒性试验方法》（GB/T 21759）、《化学品 啮齿类动物亚慢性经口毒性试验方法》（GB/T 21763）相关实验要求进行评价。

（2）对于人群研究资料，应考虑研究类型、样本量、研究对象的选择和可能的混杂因素，重点评价原始数据是否存在偏倚以及偏倚的方向和程度。

（3）数据产生过程与实验标准方法存在冲突或矛盾、没有充足的证据证明数据可用、实验过程不能令人信服的数据不可使用；没有提供足够的研究细节，无法判断数据可靠性的数据不可使用。

6.3 毒性参数推导

6.3.1 定性危害表征

根据人群流行病学、动物实验、体外测试、分子结构与生理活性等相关文献资料整编，评估环境污染物健康效应特征，包括效应组织或器官及其关键效应。

6.3.2 定量危害表征

1. 剂量-反应（效应）建模

针对不同暴露（染毒）途径、暴露（染毒）持续时间和毒性作用，确定用于剂量-效应关系建模的数据和效应终点，建立目标环境污染物暴露与效应终点间的剂量-效应关系函数。

2. 暴露参数确定

对毒性参数推导过程中所涉及的暴露参数，如饮水量、呼吸量及体重等进行本土化改造，以获取本土化毒性参数。暴露参数取值参照 HJ 875 执行，取值优先顺序为国内政府部门组织开展的大规模调查给出的暴露参数推荐值、基于国内文献综合分析筛选获得的暴露参数数据、国外政府部门或国际组织推荐的暴露参数。若存在缺乏实际暴露参数的情况，参照 HJ 877 相关要求开展暴露参数调查。

3. 毒性参数的推导

毒性参数的推导分为有阈（非致癌）化合物参考剂量的推导和无阈（致癌）化合物致癌斜率因子的推导。起算点（POD）是毒性参数推导的重要数据，包括无可见不良作用水平（NOAEL）/最低可见不良作用水平（LOAEL）和基准剂量下限（BMDL）。

1）POD 调整

POD 调整包括单位调整、暴露时间调整和物种外推。针对经口暴露和经呼吸暴露，POD 剂量单位需分别调整为 mg/(kg·d)和 mg/m³。暴露时间应统一调整为一周 7 天每日 24 小时平均暴露剂量。如使用实验动物数据，需采用默认剂量转换法将 POD 剂量调整为人体等效剂量。

A. 单位转换

a）经口暴露剂量

经口暴露剂量[mg/(kg·d)]单位转换见式（6.1）：

$$\mathrm{POD} = C \times \frac{\mathrm{IR}}{\mathrm{BW}} \tag{6.1}$$

式中：

C——食物、饮水等经口暴露介质的环境污染物浓度，mg/kg；

IR——食物、饮水等摄入量，kg/d 或 L/d；

BW——体重，kg。

b）经呼吸暴露剂量

经呼吸暴露剂量（mg/m³）单位转换见式（6.2）：

$$\mathrm{POD} = C_{\mathrm{air}} \times \frac{\mathrm{MW}}{24.45} \tag{6.2}$$

式中：

C_{air}——空气中环境污染物浓度，ppm；

MW——环境污染物的摩尔质量，g/mol；

24.45——25℃一个标准大气压下的气体摩尔体积，m³/mol。

B. 时间调整

如果研究期间并非每天且连续 24 小时产生暴露，则须对起算点进行时间调整，见式（6.3）：

$$\mathrm{POD}_{\mathrm{adj}} = \mathrm{POD} \times \frac{D(\text{总暴露时长})}{24\text{小时}} \times \frac{F(\text{暴露频率})}{7\text{天}} \tag{6.3}$$

式中：

POD_{adj}——经时间调整后的起算点，mg/(kg·d)或 mg/m^3；

D——每天的总暴露时长（h）；

F——一周中总的暴露天数。

C. 动物-人体等效剂量外推

经口暴露动物-人体等效剂量外推计算见式（6.4）：

$$POD_{HEC} = POD_{adj} \times \left(\frac{BW_A}{BW_H}\right)^{\frac{1}{4}} \quad (6.4)$$

式中：

POD_{HEC}——人体等效剂量起算点，mg/(kg·d)；

BW_A——实验动物体重，kg；

BW_H——人群体重，kg。

根据污染物的物理形态，即颗粒物或气态，经呼吸暴露动物-人体等效剂量外推方法可分为两类，具体如下：

经呼吸暴露的颗粒态污染物动物-人体等效剂量外推见式（6.5）：

$$POD_{HEC} = POD_{adj} \times RDDR \quad (6.5)$$

式中：

POD_{HEC}——人体等效剂量起算点，mg/m^3；

RDDR——区域沉积剂量比例，无量纲。

局部呼吸系统 RDDR 的计算见式（6.6）：

$$RDDR = \frac{(SA_r)_H}{(SA_r)_A} \times \frac{(V_E)_A}{(V_E)_H} \times \frac{(DF_r)_A}{(DF_r)_H} \quad (6.6)$$

式中：

SA——呼吸系统不同部位如支气管、胸腔和肺部等的表面积，cm^2；

r——受影响的呼吸系统部位，如支气管、肺部和鼻腔等；

V_E——单位时间呼吸量，L/min；

DF_r——呼吸系统不同部位的沉积比例，无量纲；

A 和 H——实验动物和人群。

整个呼吸系统的 RDDR 的计算见式（6.7）：

$$RDDR=\frac{BW_H}{BW_A}\times\frac{(V_E)_A}{(V_E)_H}\times\frac{(DF_{total})_A}{(DF_{total})_H} \quad (6.7)$$

式中：

BW——体重，kg；

V_E——单位时间呼吸量，单位为 L/min；

DF_{total}——整个呼吸系统的总沉积比例，无量纲；

A 和 H——实验动物和人群。

经呼吸暴露的气态污染物动物-人体等效剂量外推见式（6.8）：

$$POD_{HEC}=POD_{adj}\times RGDR \quad (6.8)$$

式中：

POD_{HEC}——人体等效剂量起算点，mg/m^3；

RGDR——区域气体剂量比例。

局部呼吸系统的 RGDR 的计算见式（6.9）：

$$RGDR=\frac{(SA_r)_H}{(SA_r)_A}\times\frac{(V_E)_A}{(V_E)_H} \quad (6.9)$$

式中：

SA——呼吸系统不同部位如支气管、胸腔和肺部等的表面积，cm^2；

r——受影响的呼吸系统部位，如支气管、肺部和鼻腔等；

V_E——单位时间呼吸量，L/min；

A 和 H——实验动物和人群。

整个呼吸系统的 RGDR 的计算见式（6.10）：

$$RGDR=\frac{(H_{b/g})_A}{(H_{b/g})_H} \quad (6.10)$$

式中：

$H_{b/g}$——污染物的血-气分配系数，无量纲；

A 和 H——实验动物和人群；

当人体或动物血-气分配系数缺失时，采用默认值 1；当动物血-气分配系数大于人体分配系数时，RGDR 降为 1。

2）毒性参数的推导

A. 有阈污染物参考剂量的推导

参考剂量或参考浓度的推导推荐采用无可见不良作用水平（NOAEL）/最低可

见不良作用水平（LOAEL）或BMD法。一般优先采用BMD法。

a）NOAEL/LOAEL法

用从临界效应获得最合适的 NOAEL 来推导参考剂量。如果没有合理的NOAEL值，可用LOAEL值估算参考剂量。推导公式如下：

$$\mathrm{RfD}=\frac{\mathrm{NOAEL}}{\mathrm{UF}\times\mathrm{MF}} \text{ 或 } \mathrm{RfD}=\frac{\mathrm{LOAEL}}{\mathrm{UF}\times\mathrm{MF}}$$

式中：

NOAEL——无可见不良作用水平，mg/(kg·d)；

LOAEL——最低可见不良作用水平，mg/(kg·d)；

UF——不确定性系数，无量纲。

MF——修正系数，无量纲。修正系数的取值大于0，小于或等于10，默认值为1。

b）基准剂量（BMD）法

BMD推导公式如下：

$$\mathrm{RfD}=\frac{\mathrm{BMDL}}{\mathrm{UF}\times\mathrm{MF}}$$

式中：

BMDL——基准剂量下限,即某个环境污染物引起一定比例机体出现不良效应剂量的95%置信区间的下限值；

UF——不确定系数；

MF——修正因子。

BMD的确定包括四个基本步骤：

第一步，从一个或多个毒性实验中选择一组或多组效应指标。

第二步，建立 BMD 模型，主要应用基准剂量统计软件计算基准剂量反应（BMR）为10%时，各效应指标的BMD和BMDL值。一般研究选择10%的BMR，因为10%的反应率达到或接近大多数致癌或非致癌生物鉴定的敏感度限值。

第三步，从所有计算结果中选择单一的BMD；在计算BMD时，剂量-反应模型必须可以应用到一个或多个研究中。然后对得到的BMDL值进行选择，一般选择最小值作为推导RfD值的BMD值。

第四步，考察所有实验条件与数据质量，决定不确定性系数（UF）。若评估非致癌效应：参考剂量（RfD）或参考浓度（RfC）=BMDL/UF。

B. 无阈污染物致癌强度系数的推导

致癌斜率因子SF的计算见公式：

$$\mathrm{SF}=\frac{\mathrm{BMR}}{\mathrm{BMDL}}$$

式中：

BMR——基准反应剂量；

BMDL——基准剂量下限。

C. 确定最敏感靶器官毒性参数

对于目标环境污染物的每一种危害类型，推导一个备选的毒性参数。按照靶器官对备选毒性参数进行分类汇总，选择最敏感的毒性参数作为每个靶器官的毒性参数，对所有的靶器官毒性参数进行比较，选择最敏感的靶器官毒性参数作为总的毒性参数（分致癌和非致癌）。

D. 不确定性系数（UF）和修正因子（MF）的选择

在推导 RfD 和 SF 时需要选择适当的不确定性系数（UF）和修正因子（MF），以便为了校正毒性数据所固有的不确定性。在选取不确定性系数和修正因子时，必须由专家逐个案例进行判断，以选择合适的不确定性系数和修正因子（表 6.5）。不确定性系数通常采用 1，3，10，默认值为 10。

表 6.5　不确定性系数和修正因子确定依据

不确定性系数	定义
UF_H	种内差异不确定性系数：由长期暴露研究的有效数据外推至普通人群时，采用系数 1、3 或 10。此系数用来解释人群个体间的敏感性差异，通常情况下取 10
UF_A	种间差异不确定性系数：当人体暴露研究结果不可知或不充分的情况下，由长期实验动物研究的有效结果进行外推时，采用系数 1、3 或 10。此系数用来解释由动物数据外推至人体的不确定性，通常情况下取 10
UF_S	亚慢性暴露不确定性系数：在缺乏可用的长期人体数据，由亚慢性暴露的实验动物结果进行外推时，采用系数 1、3 或 10。此系数用来解释由亚慢性到慢性 NOAEL 外推到慢性 NOAEL 的不确定性，通常情况下取 10
UF_L	LOAEL 不确定性系数：由 LOAEL 替代 NOAEL 推导 RfD 或 SF 时，采用系数 1、3 或 10。此系数用来解释由 LOAEL 外推到 NOAEL 的不确定性，通常情况下取 10
UF_D	不完整数据导致的不确定性系数：由某个“不完整”数据推导 RfD 或 SF 时，采用系数 1、3 或 10。此系数用来说明任何单一研究不可能考虑到所有可能的不利影响。通常采用中间系数 3
修正因子 MF	修正因子由专业判断决定，是一个大于 0 小于等于 10 的不确定性系数。修正系数的大小取决于对未明确说明的研究和数据库的科学不确定性（如参与测试的物种数量）进行的专业性评估来确定。修正因子的默认值为 1

推导基准的数据量充足，不确定性系数可采用较小的数值。反之，不确定性系数可采用默认值 10；最终的不确定性系数和修正系数乘积不应超过 3000。

特定情况下，可考虑采用较小的不确定性系数，如针对致癌效应的剂量-效应评估的前体效应（增生）；致癌效应的起算点到原点的斜率较陡，表明风险随剂量降低而快速下降；由于动物和人体的生理学和新陈代谢的不同，研究发现人类对膀胱刺激、结石形成和后续的肿瘤形成的影响敏感性可能大大低于雄性啮齿类动物，这些情况下推荐使用较小的不确定性系数。

3）毒性参数审核

毒性参数值的最终确定需要仔细审核毒性参数推导所用数据以及推导步骤，以确保毒性参数值是否合理可靠。

（1）针对现有毒性数据库分析的毒性参数整编与推导过程，对初步筛选后的毒性参数数据进行核查。通过数据质量检查，10%的毒性参数重复审查过程可以记录和纠正编码数据间的主要差异，保证数据收集的完整性。

（2）针对文献分析的毒性参数整编过程，成立 2 个及以上工作组（其中每组相关领域专家不少于 1 名），工作组分别对初步筛选后的文献题目、摘要进行浏览，剔除实际上并不是毒理学、流行病学或是其他类型毒性研究的文献。将两份筛选结果进行比对，如结果有差异，针对差异文献进行商讨，以确定是否纳入。

（3）成立 2 个及以上相关领域专家组成工作组，审核包括毒性参数推导所用数据的相关性与适用性；相关实验设计的规范性及可靠性；各参数中不确定性系数使用的科学性；毒性参数推导过程的准确性；评估是否有任何背离技术指南的内容及可接受性。

4. 毒性参数推导示例

以磷酸三苯酯（triphenyl phosphate，CAS 115-86-6）为例，将 6.3 节所提取的毒性元数据带入 BBMD 模型（https://benchmarkdose.com），对起算点（POD）进行估算。如以尿液中总蛋白水平作为目标效应结局，其剂量-效应关系如图 6.2 所示，通过 BBMD 模型计算所得的起算点（POD）为 0.0013 mg/(kg·d)（表 6.6）。

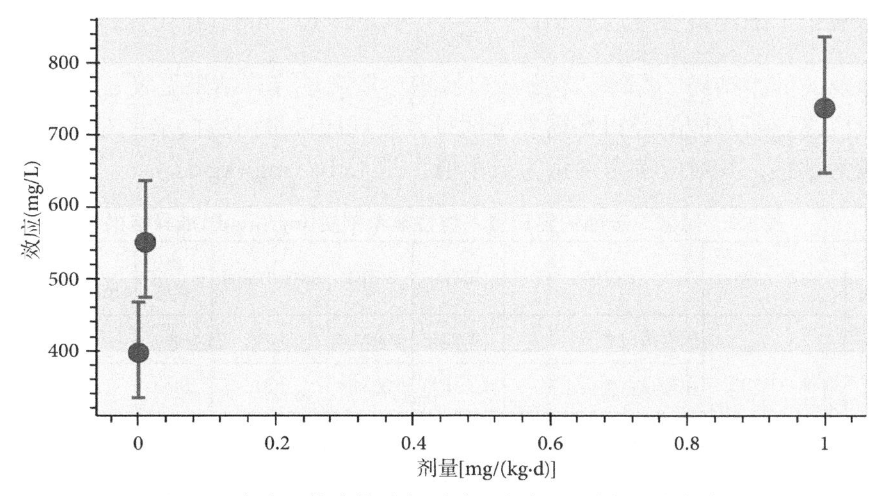

图 6.2　磷酸三苯酯暴露与尿总蛋白水平的剂量-效应关系

表 6.6　磷酸三苯酯暴露与尿总蛋白水平的 BBMD 模型结果

	模型平均	指数模型 2	指数模型 3	指数模型 4	指数模型 5	希尔模型	Power 模型	米氏方程	线性模型
先验模型权重	N/A	0.13	0.13	0.13	0.13	0.13	0.13	0.13	0.13
后验模型权重	N/A	1.75×10^{-8}	7.72×10^{-9}	0.31	0.21	0.20	7.90×10^{-9}	0.29	1.90×10^{-8}
BMD (中位数)	0.0023	0.21	0.82	0.0020	0.0070	0.0063	0.80	0.0017	0.17
BMDL (5%分位数)	0.0013	0.16	0.37	0.0015	0.0027	0.0020	0.35	0.0011	0.12
25%分位数	0.0018	0.19	0.69	0.0018	0.0050	0.0040	0.68	0.0014	0.15
平均值(标准偏差)	0.0044 (0.0112)	0.21 (0.0399)	0.75 (0.16)	0.0020 (0.0004)	0.0065 (0.0020)	0.0059 (0.0022)	0.74 (0.17)	0.0046 (0.0218)	0.17 (0.0398)
75%分位数	0.0059	0.23	0.87	0.0023	0.0083	0.0079	0.86	0.0020	0.19
95%分位数	0.0086	0.28	0.90	0.0028	0.0089	0.0087	0.89	0.0028	0.24

按照表 6.5 中针对不确定性系数和修正因子的确定依据，实验动物为雄性 C57BL/6J 小鼠，反映人群个体间敏感性差异的 UF_H 取 10，种间（小鼠-人）外推不确定性系数 UF_A 也取 10。Cui 等[1]的研究并非全生命周期研究，暴露时长为 12 周，为亚慢性毒性实验，UF_S 应为 10。任何单一研究不可能考虑到所有潜在不利影响，在研究充分性方面不确定系数 UF_D 取 3。最终总不确定性系数为 $UF = UF_H \times UF_A \times UF_S \times UF_D = 3000$。校正因子通常取 1。因此，针对尿总蛋白水平作为健康结局的磷酸三苯酯经口参考剂量 $RfD = \frac{POD}{UF \times MF_H} = 4 \times 10^{-7}\ mg/(kg \cdot d)$。针对其他研究中所涉及的健康结局，磷酸三苯酯经口暴露参考剂量计算结果见表 6.7。通过比较不同效应终点所对应的经口暴露参考剂量，发现尿微量白蛋白水平对磷酸三苯酯暴露最为敏感，其对应参考剂量为最小值，是 1×10^{-7} mg/(kg·d)。

表 6.7　磷酸三苯酯的经口摄入慢性参考剂量[mg/(kg·d)]推导结果

作用器官或系统	实验动物	指标	BMD	BMDL	BMD/BMDL	不确定系数	RfD [mg/(kg·d)]	文献
肾脏	雄性 C57BL/6J 小鼠（3 组，8 只/组）	尿总蛋白水平	0.002266	0.001335	1.70	3000	4×10^{-7}	[1]
		尿微量白蛋白水平	0.001030	0.000395	2.61	3000	1×10^{-7}	
		肾脏甘油三酯	0.01888	0.01059	1.78	3000	3×10^{-6}	
		肾脏总胆固醇水平	0.003398	0.001276	2.66	3000	4×10^{-7}	

续表

作用器官或系统	实验动物	指标	BMD	BMDL	BMD/BMDL	不确定系数	RfD [mg/(kg·d)]	文献
神经系统	C57BL/6J 小鼠（3 组，8 只/组）	Y 迷宫测试中自发改变行为的百分比	2.34	0.49	4.78	3000	2×10^{-4}	[2]
		新奇物体探索时间（秒）	0.20	0.08561	2.34	3000	3×10^{-5}	
		辨别指数	1.94	0.23	8.43	3000	8×10^{-5}	
内分泌与代谢	雌性 C57BL/6J 小鼠（3 组，10 只/组）	血清胰岛素水平	43.79	32.38	1.35	3000	1×10^{-2}	[3]
		胰岛素抵抗指数	40.86	28.02	1.46	3000	9×10^{-3}	
		葡萄糖耐量试验 60 分钟时的血糖浓度	43.86	32.64	1.34	3000	1×10^{-2}	
生殖	雄性 ICR 小鼠（3 组，7 只/组）	精子数量	112.42	73.13	1.54	3000	2×10^{-2}	[4]
		睾丸重量	151.29	111.70	1.35	3000	4×10^{-2}	
		睾酮	275.32	174.21	1.58	3000	6×10^{-2}	
全身	雄性 ICR 小鼠（3 组，7 只/组）	体重	426.28	311.68	1.37	3000	0.1	[4]

6.4 不确定性分析

在整个健康毒性参数评估过程中，都存在不确定性，但主要体现在数据整编和文献筛选以及计算过程的不确定性。

6.4.1 数据整编和文献筛选的不确定性

为降低数据整编和文献筛选所带来的不确定性，毒性参数的最终确定需要仔细审核毒性参数推导所用数据以及推导步骤，以确保毒性参数值是否合理可靠。

（1）针对现有毒性数据库分析的毒性参数整编与推导过程，对初步筛选后的毒性参数数据进行核查。通过数据质量检查，10%的毒性参数重复审查过程可以记录和纠正编码数据间的主要差异，保证数据收集的完整性。

（2）针对文献分析的毒性参数整编过程，成立 2 个及以上工作组（其中每组相关领域专家不少于 1 名），工作组分别对初步筛选后的文献题目、摘要进行浏览，剔除实际上并不是毒理学、流行病学或是其他类型毒性研究的文献。将两份筛选结果进行比对，如结果有差异，针对差异文献进行商讨，以确定是否纳入。

6.4.2 计算过程的不确定性

在 BMD 计算过程中，以某一拟合指标在备选模型中选出最优模型，继而以该模型为基础进行分析，是数据分析的经典做法。选择单一模型意味着放弃了其他模型可能提供的信息，导致信息的部分丢失，使得在单一模型下作出的统计推断可信度减低，其程度不可忽视。Barnard 在 1963 年提出模型平均思想[5]。Leamer 在此基础上使用贝叶斯模型后验概率作为模型权重，提出了贝叶斯模型平均[6]，随后 Hoeting 等对贝叶斯模型平均进行详细阐述，之后被广泛应用于各个领域[7]。有学者将贝叶斯模型平均的思想引入 BMDL 的估计中，Shao 等使用动物数据探讨贝叶斯模型在连续型数据中的应用[8]，Morales 用贝叶斯模型平均估计饮用水中砷的基准剂量[9]。本书中所介绍的 BMDL 的获取方法也正是基于贝叶斯模型平均的方法获得，以降低计算过程的不确定性。

同时在毒性参数计算过程中，还涉及不确定系数（UF）的使用，为降低因不确定系数使用所带来的不确定性，需由 2 个及以上相关领域专家组成的工作组，审核不确定系数（UF）使用的科学性与合理性。同时，还将审核毒性参数推导所用数据的相关性与适用性，以及毒性参数推导过程的准确性。

参 考 文 献

[1] Cui H, Chang Y, Jiang X, et al. Triphenyl phosphate exposure induces kidney structural damage and gut microbiota disorders in mice under different diets. Environment International, 2020, 144: 106054.

[2] Zhong X, Yu Y, Wang C, et al. Hippocampal proteomic analysis reveals the disturbance of synaptogenesis and neurotransmission induced by developmental exposure to organophosphate flame retardant triphenyl phosphate. Journal of Hazardous Materials, 2021, 404: 124111.

[3] Wang C, Le Y, Lu D, et al. Triphenyl phosphate causes a sexually dimorphic metabolism dysfunction associated with disordered adiponectin receptors in pubertal mice. Journal of Hazardous Materials, 2020, 388: 121732.

[4] Chen G, Jin Y, Wu Y, et al. Exposure of male mice to two kinds of organophosphate flame retardants (OPFRs) induced oxidative stress and endocrine disruption. Environmental Toxicology and Pharmacology, 2015, 40: 310-318.

[5] Barnard G A. New methods of quality control. Journal of the Royal Statistical Society, 1963, 126(2): 255.

[6] Leamer E E, Chamberlain G. A Bayesian interpretation of pretesting. Journal of the Royal Statistical Society, 1976, 38(1): 85-94.

[7] Hoeting J A, Volinsky C T. Bayesian model averaging: A tutorial. Statistical Science, 1999, 14(4): 382-417.

[8] Shao K, Gift J S. Model uncertainty and Bayesian model averaged benchmark dose estimation for continues data. Risk Analysis, 2014, 34(1): 101-120.

[9] Morales K H, Ibrahim J G, Chen C J. Bayesian model averaging with applications to benchmark dose estimation for arsenic in drinking water. Journal of the American Statistical Association, 2006, 101(473): 9-17.

第7章　基于动物实验的毒性参数推导

基于动物实验的毒性参数推导主要适用于现有毒性研究不充分的污染物。该类污染物无法利用现有文献数据构建剂量-效应关系模型以获取相关毒性参数。针对该类污染物毒性参数推导的主要工作内容包括目标污染物的筛选和遵照良好实验室规范（Good Laboratory Practice，GLP）的动物实验。在获取动物实验数据后，按照第6.3节所阐述的毒性参数推导方法进行毒性参数评估。

7.1　动物实验目标污染物的筛选

以PubMed、Elsevier、中国知网等作为主要检索数据库，对4.1节中所提出的且未在国内外健康毒性数据库中收录的我国高风险污染物，进行文献检索，判断该污染物现有文献资料或研究报告能否满足基于文献数据分析的毒性参数推导需要。如现有文献或研究报告中的数据不充分或不能满足3.2节中BMD模型对数据格式的要求，则应以动物实验来获取相关剂量-效应关系数据，以满足相关高风险污染物的毒性参数推导。

7.2　哺乳类动物实验

哺乳动物与人体在解剖、生理、能量和物质代谢方面比较接近。在污染物毒性参数推导过程中，美国EPA已经建立成熟的哺乳动物数据到人群的外推方法。通过哺乳动物实验可实现对经口、经呼吸和经皮肤暴露的污染物毒性参数评估。哺乳动物相较人类生命周期较短，可通过调整暴露时长在相对较短时间内实现对污染物的急性、亚慢性和慢性毒性评估。用于哺乳动物实验的动物主要包括大鼠、小鼠、豚鼠等啮齿类动物。

在毒理学研究中，大鼠是首选的模式动物。大鼠常用于污染物的亚急性毒性试验、慢性毒性试验、致畸试验和毒性作用机制研究。大鼠对空气污染非常敏感，也常被用作空气污染对人群健康影响机制研究的模式动物。

小鼠相较大鼠体型小、易于饲养、方便管理、生产繁殖更快。在食品、化妆品、药物、化工产品等的安全性试验及其急性、亚慢性、慢性毒性试验，遗传毒性、致癌性、生殖毒性试验，过敏试验及半数致死量测定等研究中被广泛应用。小鼠还常用于铅、苯、硅、一氧化碳等职业中毒的毒性试验，也被用作研究有机磷和氨基甲酸酯类农药毒性的实验动物。

豚鼠的皮肤对污染物的刺激反应灵敏，皮肤解剖、生理反应与人类近似，被用于局部皮肤毒理作用和刺激反应的研究，是经皮肤染毒的首选模式动物。

除去上述啮齿类动物外，兔、犬、猕猴等其他非啮齿类动物也都曾被用作环境污染物的毒性研究。目前依托非啮齿类动物所获取的环境污染物毒性参数仍相对较少，且相关研究主要来自 20 世纪 90 年代以前。2007 年美国国家研究院发布了《21 世纪毒性测试：远景与策略》，提出 21 世纪毒性测试的重点将转向高通量、低成本、预测能力强的实验动物替代方法，如采用低等动物（斑马鱼、线虫等）、体外试验（动物或人源细胞、组织和器官等）和非生物手段（QSAR 模型）的毒性实验替代方法。然而由于低等动物、体外细胞到人体的等效外推仍存在较大的不确定性。因此，哺乳动物模型在环境污染物毒性评价中仍发挥着重要作用。

7.2.1　急性毒性试验

急性毒性试验是指一次或 24 小时内多次对受试生物染毒的试验，目的是探究环境污染物与生物机体较短时间内接触后，对生物体的半数致死剂量/浓度、急性阈剂量/浓度，并作为亚慢性或者慢性毒性试验的染毒剂量以及观察指标的参考。

急性毒性试验的观察内容包括中毒体征及发生过程、体重和病理形态学改变、死亡情况和时间分布等（表 7.1）。最重要的观察指标是死亡率，用于计算环境污染物的半致死剂量（LD_{50}）。

表 7.1　啮齿类动物中毒表现观察项目

器官系统	观察及检查项目	中毒后一般表现
中枢神经系统及躯体运动	行为	改变姿势，叫声异常，不安或呆滞
	动作	震颤，运动失调，麻痹，惊厥，强制性动作
	对各种刺激的反应性	易兴奋，知觉过敏或缺乏知觉
	大脑及脊髓反射	减弱或消失
	肌肉张力	强直，弛缓
自主神经系	瞳孔大小	缩小或放大
	分泌	流涎，流泪
呼吸系统	鼻孔	流鼻涕
	呼吸性质和速率	徐缓，困难，潮式呼吸
心血管系统	心区触诊	心动过缓，心律不齐，心跳过强或过速
胃肠系统	腹形	气胀或收缩，腹泻或便秘
	粪便硬度和颜色	粪便不成形，黑色或灰色

续表

器官系统	观察及检查项目	中毒后一般表现
生殖泌尿系统	阴户，乳腺	膨胀
	阴茎	脱垂
	会阴部	污秽
皮肤和毛皮	颜色，张力	发红，皱褶，松弛，皮疹
	完整性	竖毛
黏膜	黏膜	流黏液，充血，出血性紫绀，苍白
	口腔	溃疡
眼	眼睑	上睑下垂
	眼球	眼球突出或震颤
	透明度	混浊
其他	直肠或皮肤温度	降低或升高
	一般情况	姿势不正常，消瘦

7.2.2　亚慢性和慢性毒性试验

1. 一般性指标

主要指非特异的观察指标，能综合反映环境污染物对于机体的毒性作用，且往往比较敏感。

1）一般观察

每天观察受试动物外观体征、行为活动和粪便性状及颜色。群养时应将出现中毒反应的动物取出单笼饲养，发现死亡或濒死实验动物应及时尸检，一般在 1 h 之内进行。

2）动物体重

实验动物在生长发育期体重的增长情况是综合反映动物健康状况的最基本的灵敏指标之一。大鼠一般应每周测一次体重，并根据体重的增长调整给药量。体重变化指标有多种，可以用体重直接统计，也可用染毒组与对照组同期体重的绝对增长量或体重增长百分率（以染毒开始时的体重为 100%）进行比较。

3）食物利用率

食物利用率是指动物每食入 100 g 饲料所增加的体重（克）。试验期间必须注意观察并记录动物每日的饮食情况，在此基础上计算食物利用率。比较染毒组与对照组食物利用率，有助于了解受试环境污染物的毒性效应。如果受试环境污染物干扰了食物的吸收或代谢，则食物利用率降低，动物体重随之降低或增长减缓。此外，如果受试物不适口，影响动物的食欲，此时食物利用率不改变，动物体重也会降低。

4）中毒症状

试验期间每日观察动物有无中毒症状（包括食欲、行为、被毛、分泌物、呼吸等），中毒症状出现的时间、先后次序等。观察并记录这些资料有助于判断外源性化学物质损害机体的部位和程度。

5）血液学和血液生化检查

重点对血、尿等体液进行实验室检查，以发现受试物所致的器官功能紊乱。

血液检查包括白细胞计数（WBC）、中性粒细胞百分比（GR%）、淋巴细胞百分比（LY%）、中性粒细胞计数（GR）、淋巴细胞计数（LY）、红细胞计数（RBC）、血红蛋白测定（Hb）、红细胞比容（Het）、平均红细胞体积（MCV）、平均血红蛋白（MCH）、平均血红蛋白浓度（MCHC）、红细胞分布宽度（RDW）、血小板计数（PLT）、血小板压积（%）、血小板分布宽度（PDW）、平均血小板体积（MPV）、网织红细胞计数（Ret）。

尿液检查包括沉淀物镜检、白细胞、潜血、亚硝酸盐、比重、尿胆原、酮体、蛋白质、胆红素、pH 等。

肝脏是外源化学物在体内进行生物转化的主要器官，外源化学物的亚慢性和慢性毒作用引起肝脏损害时会在血清中出现一系列相关酶的变化，如谷丙转氨酶多发生在实验的初期，碱性磷酸酶改变多发生于实验的中期或后期。肾脏是外源化学物及代谢产物的主要排泄器官，通过肾功能生化指标的检测可大致了解化学物对肾功能的影响。

常见的血液生化指标有：血清总蛋白（TPR）、血清白蛋白（ALB）、血清球蛋白（GLO）、血清总胆红素（T-BIL）、血清直接胆红素（D-BIL）、间接胆红素（I-BIL）、丙氨酸氨基转移酶（ALT）、天冬氨酸氨基转移酶（AST）、碱性磷酸酶（ALP）、r-谷氨酰基转移酶（r-GT）、血清高密度脂蛋白、血清低密度脂蛋白、血清载脂蛋白、总胆固醇（T-CHO)、血清甘油三酯（TG）、血清葡萄糖（GLU）、血清非蛋白氮（NPN）、血清尿素氮(BUN)、肌酐(CREA) 、血清肌酸激酶（CK）、血清尿酸（UA）等。

6）脏器系数

脏器系数又称脏/体比，指某个脏器的湿重与单位体重的比值，单位体重一般以 100 g 体重计。如肝/体比，即全肝湿重/体重×100。在试验结束时处死动物，立即取其心、肝、脾、肺、脑、肾、肾上腺、睾丸、卵巢等实质性脏器，并称重，求得脏器系数。这个指标的意义在于实验动物在不同年龄期各脏器与体重之间重量比值均有一定的规律，如果染毒组与对照组比较出现显著性差异，说明可能是受试化学物质对某个脏器有损害作用。如发生充血、水肿、增生或肿瘤等，脏器系数则增大；若发生坏死、萎缩等改变，脏器系数则降低。此项指标简单、经济，且往往可为寻找化学毒作用的靶器官提供线索。

7）病理学检查

系统尸解：首先肉眼观察，注意联系中毒表现以及与受试物直接接触的器官和解毒、排泄器官，如消化道、肺、肝、肾、淋巴腺、眼、皮肤等，记录有无肉眼可见的异常变化，系统尸解应全面细致，为组织学检查提供依据。

组织学检查：在试验期间死亡和濒死的动物需及时做病理组织学检查，对照组和高剂量组的动物及尸检异常者要详尽检查。必要时选择脏器做组织化学或电镜检查，其中包括肾上腺、胰腺、胃、十二指肠、回肠、结肠、垂体、前列腺、脑、脊髓、心、脾、胸骨（骨和骨髓）、肾、肝脏、肺、淋巴结、膀胱、子宫、卵巢、甲状腺、胸腺、睾丸（连附睾）、视神经等。其他指标和器官组织应根据受试物的用途和作用特点，必要时增删相应指标。

2. 特异性指标

特异性指标往往是反映外源性化学物质的关键毒性作用的指标。

根据受试物毒性资料，特异性指标选择如：①有机磷农药：乙酰胆碱酯酶；②神经毒物：神经行为，神经递质，神经反射；③心血管毒物：心电图，血压，眼底；④血液毒物：骨髓象。

3. 可逆观察

试验结束时，停止染毒，将部分动物继续留养 2～4 周，对已出现变化的指标跟踪进行恢复期观察，以判断有无迟发效应及有害效应的可逆性。

7.3　非哺乳类动物实验

上述经典的哺乳类动物实验始终存在研究成本过高的问题，也面临减少实验动物使用量和获取可靠数据之间的矛盾。动物福利的减少、替代、优化原则中提出了低级动物代替高级动物、小动物代替大动物等动物实验理念。因此，基于小型非哺乳类动物开展经济、高效和实用性的动物实验设计是必要的。

7.3.1　非哺乳类动物简介

非哺乳类模式动物包括斑马鱼（*Danio rerio*）、果蝇（*Drosophila melanogaster*）和秀丽隐杆线虫（*Caenorhabditis elegans*）等。这些非哺乳类动物的研究成本是哺乳类动物的几十至上百分之一（图 7.1）。研究表明人类大约 70%的疾病相关基因在鱼类和果蝇中具有同源性，在线虫体内具有约 40%的同源性。对斑马鱼、果蝇和线虫等非哺乳类动物进行高通量污染物毒性效应筛查，可在事先不了解目标污染物毒性效应基础上发现其可能的关键毒性效应和机制。

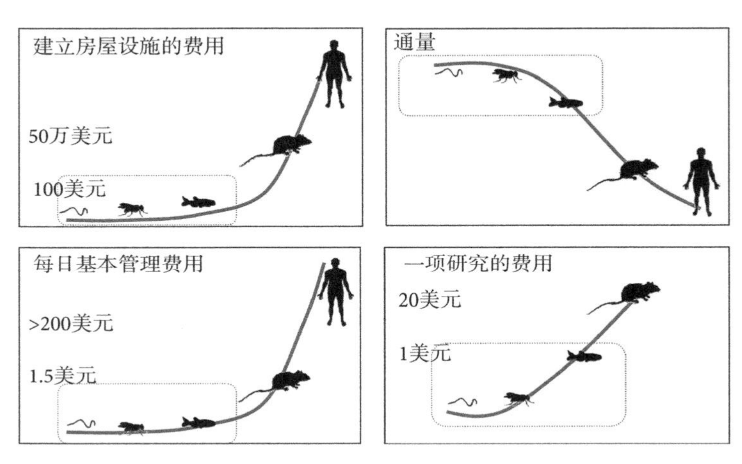

图 7.1　模式动物研究成本比较。图中为斑马鱼和其他非哺乳类模式动物线虫、果蝇和哺乳类动物小鼠相比[1]

7.3.2　斑马鱼作为非哺乳类模式动物的优势

与其他非哺乳类模式动物相似，斑马鱼具有以下优点：发育和实验周期短、费用低（约为鼠类的 1%~10%）、早期胚胎和仔鱼透明（可直接观察药物对内部器官的作用）、单次产卵数较高（>100 枚）以及实验用药量小（不到小鼠用药量的 1 %）等（表 7.2）。不同的是，斑马鱼与人类基因同源性高（约 85%）（图 7.2），其信号传导通路与人类基本近似，生物结构和生理功能与哺乳动物高度相似。斑马鱼作为模式动物的优势很突出，既具有体外实验快速、高效、费用低等优势，又具有哺乳类动物实验预测性强、可比度高等优点，可以有效弥补体外实验和哺乳类动物实验之间的巨大生物学断层。斑马鱼已被美国国家卫生研究院（NIH）列为继大鼠和小鼠之后的第三大脊椎类模式生物。2007 年，美国环境保护署（EPA）也将斑马鱼技术列入其转化毒理学研究项目 ToxCast TM。针对斑马鱼的环境毒性测试，我国以及部分国际组织（如经济合作与发展组织，OECD）都分别颁布了相关标准（表 7.3）。斑马鱼模型已广泛应用于环境毒理学研究领域。

表 7.2　不同动物模型系统的比较

参数	非哺乳动物				哺乳动物
	线虫	黑腹果蝇	斑马鱼	鸡	小鼠
产卵量	±300	±100	>100	1	5~10
胚胎获得难易	++	++	++	++	+/-
世代时间	很短	很短	中等	中等	中等
遗传	+	+++	++	-	+++
功能获得	+	+++	++	-	+++
功能缺失	+	+++	++	-	+++
显微操作	+/-	+/-	+	++	+/-

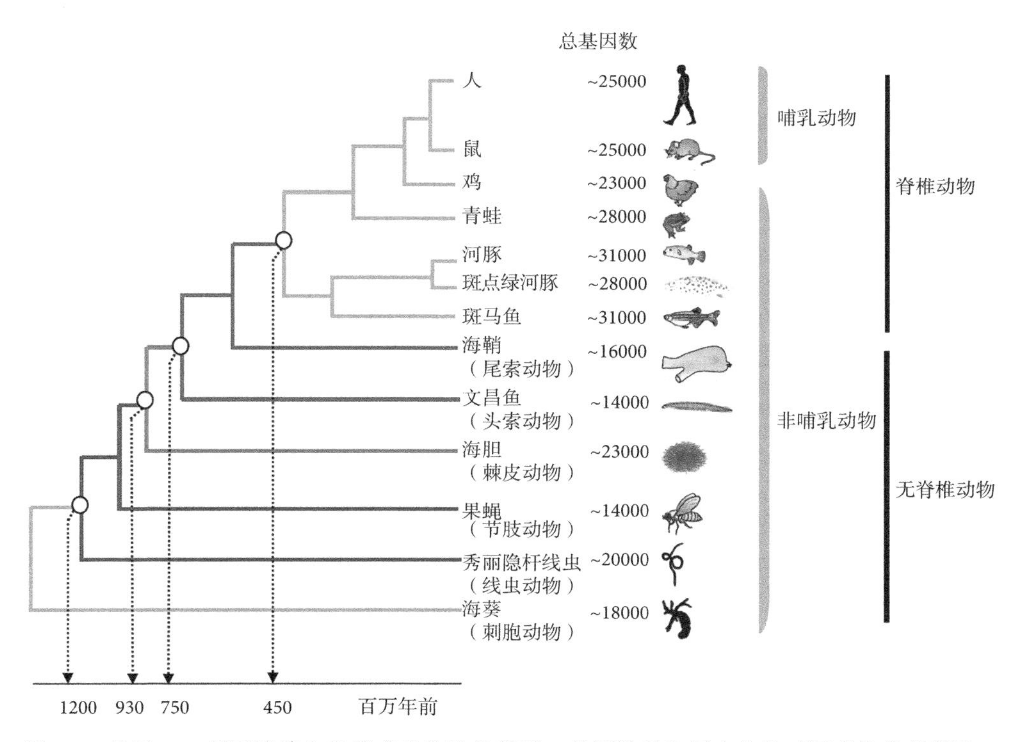

图 7.2　基于 *Hox* 基因簇建立的模式动物进化关系、基因数量和历史分歧时间系统发育谱[2]。高度保守的 *Hox* 基因簇具有高度相似的基因组组织和生物学功能，已在整个动物界的物种中被确认

表 7.3 斑马鱼环境毒性测试相关标准

序号	测试标准编号	测试标准内容
1	OECD 203	Fish acute toxicity test
2	OECD 204	Fish prolonged toxicity test: 14-day study
3	OECD 210	Fish early life-stage toxicity test
4	OECD 305	Bioconcentration: Flowthrough fish test
5	OECD 212	Fish short-term toxicity test on embryo and sac-fry stages
6	OECD 215	Fish juvenile growth test
7	OECD 229	Fish short-term reproduction assay
8	OECD 230	21-Day fish screening assay: A Short-Term Screening for Oestrogenic and Androgenic Activity, and Aromatase Inhibition
9	OECD 236	Fish Embryo Toxicity (FET) Test
10	GB/T 13267—1991	水质 物质对淡水鱼（斑马鱼）急性毒性测定方法
11	GB/T 21281—2007	危险化学品鱼类急性毒性分级试验方法
12	GB/T 21858—2008	化学品 生物富集 半静态式鱼类试验
13	GB/T 21800—2008	化学品 生物富集 流水式鱼类试验
14	GB/T 21806—2008	化学品 鱼类幼体生长试验
15	GB/T 21807—2008	化学品 鱼类胚胎和卵黄囊仔鱼阶段的短期毒性试验
16	GB/T 21808—2008	化学品 鱼类延长毒性 14 天试验
17	GB/T 21814—2008	工业废水的试验方法 鱼类急性毒性试验
18	GB/T 21854—2008	化学品 鱼类早期生活阶段毒性试验
19	GB/T 21858—2008	化学品 生物富集半静态式鱼类试验
20	GB/T 27861—2011	化学品 鱼类急性毒性试验
21	GB/T 31270.12—2014	化学农药环境安全评价试验准则 第 12 部分：鱼类急性毒性试验
22	GB/T 35515—2017	化学品 鱼类雌激素、雄激素和芳香酶抑制活性试验方法
23	GB/T 35517—2017	化学品 鱼类生殖毒性短期试验方法

7.4 基于动物实验的种间外推模型

正如上一节中提到的，斑马鱼作为非哺乳类模式动物已经被应用于环境毒性测试，但如果将斑马鱼毒性实验数据用于评估环境污染物的基于保护人群健康的毒性参数，仍需通过斑马鱼-人体毒性效应的种间外推模型。

化合物与不同物种分子靶标的结合存在差异，导致不同物种的化学敏感性可能存在数量级的差异，这给污染物的种间毒性预测带来很大挑战[3]，近年来也有学者提出跨物种进行毒性效应种间外推的可能。有研究表明，人和鱼在服用氟西汀后其体内代谢类似[4]。这给人和鱼的种间外推提供了参考[5]；Lalone 等通过昆虫纲之间保守的氨基酸、功能域和蛋白质序列，推测不同物种对甲氧基丙烯酸酯类杀菌剂的敏感性，并通过 484 种蛋白的高通量筛查技术，提出了不同哺乳动物毒性效应种间外推模型[6,7]。也有研究者提出通过对新污染物的各种特性进行表征（包括疏水性、分子量、芳香环、氢受体以及极化面积等），并应用计算毒理学模型来计算物种之间的化学-分子靶标之间的相互作用，进而预测不同物种间的毒性及参数[6,8]。

目前有学者提出了利用交互比对/交叉参照（Read-Across，RA）方法，进行跨物种和跨毒性终点的外推[9]，如 Huggett 等利用 RA 方法，结合哺乳动物药理学和毒理学数据对环境残留药品的水生生物毒性开展评估[10]；Margiotta-Casaluci 等[4]利用 RA 方法开展了抗抑郁药物氟西汀的人类和呆鲦鱼的跨物种定量外推。然而，现阶段 RA 采用的主要是线性模型外推法，而化学品分子描述符与毒性终点之间往往是复杂的非线性关系，从而限制了 RA 在跨毒性效应终点方面的应用。近年来得益于大数据预测模型的快速发展，机器学习被应用于跨物种和跨毒性效应终点的毒性预测。鉴于机器学习在非线性模型构建方面的优势，有研究者提出将机器学习方法嵌入 RA，以获得更好的模型预测结果[11]。如 Luechtefeld 等[12]利用随机森林和 RA 相结合的方法对化学品健康危害进行预测，交叉验证结果表明针对不同种类化学品的预测其准确度可维持在较高水平（70%~80%）。Basant 等[13]利用随机森林的机器学习方法，结合金属氧化物纳米粒子结构特征，成功预测其多个毒性终点，且预测模型具有较好的拟合度（R^2>0.882）。Yu 等[14]利用支持向量机（SVM）实现了对 1121 种有机物污染物［包括醛类、脂肪胺、酰胺、苯胺类、脂类（测试集：840 种；训练集：281 种）］在不同鱼种中 LD_{50} 的预测，其模型拟合度 R^2>0.70。

本书将重点介绍基于机器学习和深度学习的数学模型方法，包括多维线性模型、非线性神经网络模型、支持向量机模型与回归树模型。基本思路是使用斑马鱼与小鼠的毒性终点测试数据并结合 EPA 以及欧盟的人体暴露毒性终点测试数据，尝试寻找合适的种间毒性的函数关系。通过结合多种化合物定量-构效关系数据，构建化合物结构相似度关系，并尝试区分不同化学结构特征与种间毒性之间的关系，以期提高模型的适用范围以及预测表现。

7.4.1 环境污染物收集和数据整理

基于第 5 章所获得的污染物清单及相关健康毒性参数，结合对应生态毒性数据库中对应污染物的斑马鱼毒性数据，建立环境污染物的斑马鱼-大鼠（或小鼠）的环境污染物毒性参数（LD_{50}、NOAEL、LOAEL 等）数据集合。利用分子描述符分析工具及软件 alvaDesc1.0.22 对 33 大类 5471 种分子描述符进行解析，识别影响环境污染物毒性的分子描述符。最终共收集到 2011 个有效分子描述符，隶属于 21 个主要的分子描述符类型。将人群健康毒性参数作为因变量，环境污染物的分子描述符和斑马鱼毒性数据作为自变量，利用支持向量机、回归树和神经网络模型构建斑马鱼-大鼠（或小鼠）外推模型（图 7.3）。

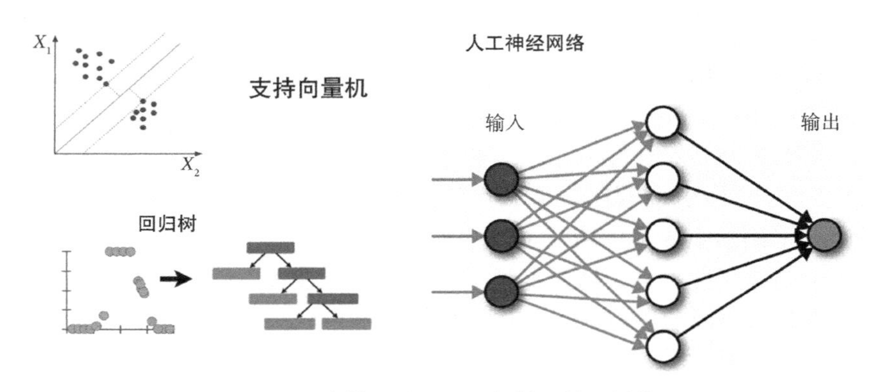

图 7.3　支持向量机、回归树和神经网络

7.4.2　种间毒性预测模型

本研究搭建了多维线性回归、非线性神经网络、支持向量机与回归树等 4 种模型，采用监督学习方法对化合物毒性参数进行拟合，用于种间毒性预测。在模型构建过程中，针对 7.4.1 小节中所获得的数据集，将其分为训练集（85%）和测试集（15%），采用多次随机分组训练，验证模型的健壮性和精度。经对比确认，随机森林模型的有机物毒性参数拟合精度最好，R^2 达到了 0.80。

参 考 文 献

[1] Kalueff A, Stewart A M, Gerlai R. Zebrafish as an emerging model for studying complex brain disorders. Trends in Pharmacological Sciences, 2014, 35(2): 63-75.

[2] Abbasi A A, Grzeschik K-H. An insight into the phylogenetic history of HOX linked gene families in vertebrates. BMC Ecology and Evolution, 2007, 7: 239.

[3] Han J, Fu J, Sun J, et al. Quantitative chemical proteomics reveals interspecies variations on binding schemes of L-FABP with perfluorooctanesulfonate. Environmental Science & Technology, 2021, 55(13): 9012-9023.

[4] Margiotta-Casaluci L, Owen S F, Cumming R I, et al. Quantitative cross-species extrapolation between humans and fish: The case of the anti-depressant fluoxetine. PLoS One, 2014, 9: 110467.

[5] Zhang J, Grundström C, Brännström K, et al. Interspecies variation between fish and human transthyretins in their binding of thyroid-disrupting chemicals. Environmental Science & Technology, 2018, 52: 11865-11874.

[6] Lalone C A, Villeneuve D L, Lyons D, et al. Sequence alignment to predict across species susceptibility (seqapass): A web-based tool for addressing the challenges of cross-species extrapolation of chemical toxicity. Toxicological Sciences, 2016, 153: 228-245.

[7] Lalone C A, Villeneuve D L, Doering J A, et al. Evidence for cross species extrapolation of mammalian-based high-throughput screening assay results. Environmental Science & Technology, 2018, 52: 13960-13971.

[8] Doering J A, Wiseman S, Giesy J P, et al. A cross-species quantitative adverse outcome pathway for activation of the aryl hydrocarbon receptor leading to early life stage mortality in birds and fishes. Environmental Science & Technology, 2018, 52: 7524-7533.

[9] 王中钰, 陈景文, 乔显亮, 等. 面向化学品风险评价的计算(预测)毒理学. 中国科学: 化学, 2016, 46: 222-240.

[10] Huggett D B, Cook J C, Ericson J F, et al. A theoretical model for utilizing mammalian pharmacology and safety data to prioritize potential impacts of human pharmaceuticals to fish. Human and Ecological Risk Assessment, 2003, 9(7): 1789-1799.

[11] Hartung T. Making big sense from big data in toxicology by read-across. ALTEX, 2016, 23(2): 83-93.

[12] Luechtefeld T, Marsh D, Rowlands C, et al. Machine learning of toxicological big data enables read-across structure activity relationships (RASAR) outperforming animal test reproducibility. Toxicological Sciences, 2018, 165(1): 198-212.

[13] Basant N, Gupta S. Multi-target QSTR modeling for simultaneous prediction of multiple toxicity endpoints of nano-metal oxides. Nanotoxicology, 2017, 11(3): 339-350.

[14] Yu X. Support vector machine-based model for toxicity of organic compounds against fish. Regulatory Toxicology and Pharmacology, 2021, 123: 104942.

第 8 章　基于定量结构-效应关系的毒性参数推导

第 5~7 章分别对基于现有数据库、文献分析和毒理学实验的环境污染物毒性参数的获取和推导进行了相关阐述，但仅依靠上述三种途径，仍不能满足实际工作需要。截至 2020 年，已有约 1.59 亿种化学品登录在美国化学文摘社中（CAS：http://www.cas.org），亟须更为经济、快捷、高效的手段对现有化学品健康毒性开展预测和评估。

分子结构是决定化合物的物理化学性质以及在环境中迁移转化的行为和最终生态毒理学效应的内在因素。通常认为具有相似分子结构的化合物也可能具有相似的物理化学性质、环境效应和生态毒性学作用。将内在因素与外在的效应通过数学或计算机模型定量表达，就是定量结构-效应关系（quantitative structure-activity relationship，QSAR）。在医学研究中，QSAR 被研究者用于大规模筛查可能的抗病毒药物以及某种生物大分子的靶标。在环境研究中，QSAR 被用来确定一系列相似化合物的生物活性、环境归趋性质和最终的生态效应。因此，QSAR 是一种可以弥补化学物质环境行为与生态毒理数据的缺失，大幅度降低实验费用，有助于减少和替代实验的科学方法。

8.1　QSAR 模型建模方法

经过近六十年的发展，QSAR 模型已经成为分子计算建模的主要方法之一。QSAR 建模可通过预先定义好的协议和程序实现，具体流程见图 8.1。研究者可以使用预定好的程序来探索不断增长的化合物集合，去预测新型化合物的环境归趋和生态学效应。

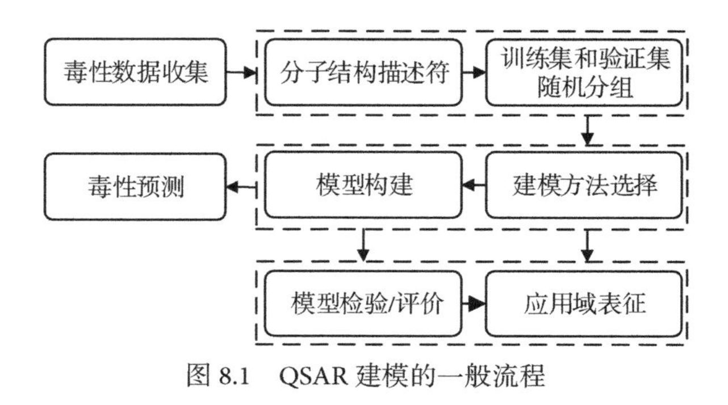

图 8.1　QSAR 建模的一般流程

QSAR 的具体工作内容包括数据准备、化学结构描述计算、数学或计算机建模、数据集平衡、模型验证、离群点检测和应用域定义。在本章中，我们将介绍上述方法的具体实施手段。值得注意的是，这些方法在一系列的 QSAR 建模中并不需要死板地按照规定完成，本章仅是介绍一些比较常用且具有普适性的方法，读者需要认识到 QSAR 方法的灵活性。最后将以有机磷类化合物为例运用 QSAR 方法对其毒性进行预测。

8.1.1　数据准备

由于过去几十年间信息存储、通信技术的快速发展，我们收集和分析数据的方式产生了极大的改变，对许多学科的发展产生了深远影响。目前，QSAR 类型研究的信息主要来源于网络或者本地大型数据库，如 PubChem，CompTox、ZINC 等。这些数据库都记录了大量化合物的毒性试验数据，其中 ZINC 数据库则记录了大量医学领域的小分子化合物。这些数据库为 QSAR 建模提供了极为丰富的信息。目前，研究者通过各种数据库或文献资料，提取和整编有效数据，用于 QSAR 建模。

8.1.2　化学结构描述计算

分子是构成物质的基本单位之一，化合物内部分子的组合方式等信息决定了化合物在特定情况或者环境中表现的性质。目前，分子结构描述符（分子描述符）的计算是对化学结构进行总结的一个主要手段。分子描述符主要包括理化性质参数、结构编码、拓扑学描述符和量子化学半经验描述符等。除了这些描述符，越来越多的新型描述符和分子指纹也在不断地发展中。

1. 理化性质参数

理化性质参数是对化合物结构特征的反映。众多经典的理化性质是最早也是最经常被用作分子描述符的，如辛醇-水分配系数、生物富集因子等。这类描述符也面临着数据短缺的尴尬事实，在今后的科学实验中仍需补充。

2. 结构编码描述符

结构编码描述符是通过直接描述化学结构式产生的描述符，如分子内杂原子数目、环数目和结构。从化学数据库中检索这些化合物的碎片结构和编码也可以作为直接的数字表征。由于其最初设计并没有考虑到 QSAR 研究的特点，因此针对 QSAR 研究的具体要求，需灵活地开发适合其工作的结构编码描述符。

3. 拓扑学描述符

拓扑学描述符属于图论发展的分支，将分子结构表达成图论的形式从而得到分子图。由分子图拓扑特征推演而来的分子拓扑学描述符可以准确表示分子中各个原子及原子团的数目、种类及周围环境的差异，并与化合物性质/活性具有良好的相关关系。分子连接性指数、电子拓扑状态指数、自相关拓扑指数及边界连接指数£等拓扑学参数已经成为QSAR研究中最重要的描述符之一。

4. 量子化学半经验描述符

量子化学计算是获得分子结构参数的重要途径。近代量子化学认为分子轨道能量是整个分子最基本的结构因素，通过对化合物进行量子化学计算，可以获得有关分子的电子结构和立体结构信息，如分子轨道能级、原子的电荷密度、极化率以及分子的静电势等。与其他分子结构参数相比，量子化学参数具有明确的物理意义，有利于探讨影响污染物的环境行为、过程机制和毒性机理的结构因素。因此，量子化学参数在有机污染物的结构活性关系研究中具有广泛的应用前景。与经典理化参数相比，量子化学参数的引入有利于把结构与活性关系的研究深度推向更深的分子层次。量子化学参数虽然可通过软件计算得到，但在有毒化学品生物活性预测应用中还存在一定局限性，因为量化参数繁多，在实际应用中难以取舍，同时还与参数意义的毒理机制解析不足有关。因此，需要比较、优选精确的计算方法和物理意义明晰的量化参数，进一步发展完善量化计算程序，将量化参数与计算机分子图形信息处理技术相结合。

8.1.3 数学或计算机建模

二十世纪中叶与线性自由能相关的LFER，Free-Wilson方程的发明掀起了QSAR研究的热潮，此后各类型的研究百花齐发，但沿用至今的仅有少数在实践中应用，如比较分子场及比较分子相似性指数分析。2015年后，随着大数据和人工智能的发展，目前QSAR研究人员偏爱使用机器学习方法如深度神经网络、随机森林等手段进行建模。本小节将阐述几种比较经典的建模方法。

1. 比较分子场分析（CoMFA）

比较分子场[1]的思想是使用静电（库仑）和立体（范德华）能量场来描述化合物。化合物分子数据集首先需要按照一定程序被对齐，之后被放置于一个三维的空间网格中。在网格的每个点上放置一个带单位电荷的探针原子，并计算能量场的电位（库仑和伦纳德-琼斯电位），由此得到了具体的数据。之后，这些数据就作为具体的分子描述符，可以进行 QSAR 模型的构建，通常使用偏最小二乘回归分析。该方法的优势是可以确定与终点效应正相关和负相关的结构区域，从而进一步分析化合物的基团、构成等因素。

2. 比较分子相似性指数分析（CoMSIA）

比较分子相似性指数分析[2, 3]的思想与比较分子场类似，主要的改进是使用高斯型势函数代替了库仑及伦纳德函数，从而获取更加准确的分子内信息，但由于函数的性质，可能产生错误的不可接受的极大值，从而破坏整个建模过程。

3. 遗传算法（GA）

遗传算法（GA）最早由 Holland 等[4]于 20 世纪 70 年代提出。该算法的启发来自于自然界中生物种群的进化规律，并将其用在博弈论的探讨之中。遗传算法通过模拟一个动态的解决方案群体来模仿自然界中生物群体的进化。动态解决方案群体的每个成员被称作一个“染色体”，通过适应函数量化当前种群的误差。在进化的过程中，每个染色体经过交叉和变异，并允许最合适的染色体进行“生存”与“繁殖”。通过改变染色体交叉、变异与存活的参数，在训练几代后，整个种群往往能达到较好的效果。在 QSAR 领域，遗传算法经常被用于特征选择，并与一系列建模方法如 *k*-近邻、人工神经网络和随机森林等方法进行结合。

4. 模拟退火（SA）

模拟退火[5]与遗传算法类似，是一种基于蒙特卡罗迭代求解策略的随机寻优方法，其思想也是来源于物理学上固体物质的退火过程。模拟退火算法从某一较高初温出发，伴随温度参数的不断下降，结合概率突跳特性在解空间中随机寻找目标函数的全局最优解，即在局部最优解能概率性地跳出并最终趋于全局最优，从而可有效避免陷入局部极小。在 QSAR 的应用中，模拟退火也与遗传算法类似。

5. 线性判别分析（LDA）

线性判别分析（LDA）作为一种降维线性分类方法，是一种监督学习的降维技术，能够将原始特征的线性空间转化为使得类间方差最大化及类内方差最小化的新空间，即将高维数据投影到低维时，该算法使得每一种类别数据的投影点间距离尽可能地接近，而不同类别的数据尽可能地远离。在 QSAR 中，该方法被广泛运用，如用于药物血脑屏障的渗透性预测[6]，用于化合物抗菌性能的预测[7]等。

6. 决策树和随机森林

决策树与大多数基于统计学的分类和回归算法不同，它基于信息熵逻辑和专家系统的联系。每个分类树都可以被转化为一组基于布尔逻辑规则的串行流程，将所有特征（QSAR 中为分子描述符）转化为概率，按照一定的顺序一个特征一个特征地进行处理。树形模型更加接近人的思维方式，可以产生可视化的分类规则，产生的模型具有可解释性（可以抽取规则）。决策树的构建方法主要有 ID3，C4.5 及 CART 算法。ID3 作为最原始的方法，使用信息增益作为分裂的规则，信息增益越大，则选取该分裂规则；这样 ID3 的缺点在于倾向于选择水平数量较多的变量，可能导致训练得到一个庞大且深度浅的树，输入变量必须是分类变量（连续变量必须离散化），且无法处理空值。C4.5 算法则使用信息增益率作为分裂规则（需要用信息增益除以该属性本身的熵），此方法避免了 ID3 算法中的归纳偏置问题。CART 则更进一步以基尼系数替代熵。

一棵决策树能做到的事很少，正如俗语“三个臭皮匠，顶过诸葛亮”，基于这种思想，随机森林便诞生了。从样本集中重采样本，对新的样本子集不断应用决策树方法建立一棵棵决策树(一个个分类器)，最终通过专家投票决定最终的结果，就是随机森林。目前，随着计算机及通信的发展，我们获得到的数据越来越大，在处理大数据时，随机森林更具优势。在 QSAR 研究中，随机森林被用于预测化合物对四膜虫测试的水生毒性[8]，对含氮化合物的爆轰热数据预测[9]。

8.2　QSAR 模型预测毒性的应用

近年来，利用 QSAR 模型预测各类化合物毒性终点数据的方法得到广泛应用。上个世纪研究者趋于发明 QSAR 的新方法，又或者使用已有方法在他们的实验结果上进行验证；进入新世纪以来，随着人类认识的化合物数量的暴增和生物信息学的发展，越来越多的研究者用 QSAR 方法来预测药物的生物作用和化合物的毒性。

8.2.1　水生生物类毒性 QSAR 模型的探索

1987 年，McKim 等[10]使用 QSAR 方法建立了描述符与鱼类急性毒性之间的方程，取得了良好的成效；Veith 等[11]则使用 QSAR 方法探索了苯类、苯酚类和苯胺类对鱼类急性毒性变化作用模式和立体电子参数的关系。Zhu 等[12]使用 DFT 计算的量子化学参数构建了季铵类化合物对小球藻（*Chlorella vulgaris*）毒性的 QSAR 模型。

8.2.2　哺乳动物类毒性 QSAR 方程

Bhhatarai 等[13]使用基于普通最小二乘法（OLS）的多元线性回归（MLR）方法建立 QSAR 模型，模拟全氟类化合物的大鼠和小鼠的吸入（LC_{50}）毒性数据，并在外部验证集上得到了较好的结果。而 Toropova 等[14]则完成了无机物的大鼠急性毒性 QSAR 模型。Demchuk[15]使用 QSAR 方法研究化合物对人类的不良健康影响、暴露水平、生物利用度和药代动力学特性，用于保护在危险废物场所接触有毒化合物的人群，也起到支持环境健康评估，环境化学品危害优先排序的作用。

我们从上述两个方面（水生生物毒性、哺乳动物毒性）简单介绍了一下 QSAR 模型的应用。QSAR 模型虽已得到广泛应用，但基于大数据的 QSAR 模型仍发展缓慢。现今化学品数据集虽然大而广，但缺乏统一性。收录的各类毒性/活性值由于来自不同实验室或者实验方法，存在巨大差异性，这严重限制了 QSAR 模型的发展。同时，QSAR 领域的公共数据集较少，仅有的 Tox21 数据集[16]等开源性不高，少有研究者研究。目前，各类机器学习方法的有效性和成功性已经得到验证[17]。因此，QSAR 模型向大数据方向发展的阻碍主要来源于数据的异质性。

8.3　有机磷类化合物对鼠口服急性毒性预测

本案例中有机磷化合物对小鼠的急性毒性数据集方程是通过遗传算法-多元线性回归和逐步算法-多元线性回归构建的，本章中将介绍我们是如何构建、验证并最终使用模型的。

8.3.1　基础数据的收集

有机磷类物质（organophosphorous，OPs）是近年来环境研究的热点。以往研究发现，大多数有机磷农药对动物有急性毒害作用，有机磷酸酯类对动物有潜在的神经毒性。因此，案例选用了 OPs 对小鼠急性毒性作为终点进行研究。首先，从文献中获取共计 62 种在环境中常见的有机磷类化合物，之后从 PubChem，CompTox 等数据库收集其中共计 53 种化合物的毒性数据值（LD_{50}），作为本研究的终点数据。

8.3.2　分子描述符的获取

分子描述符的计算是 QSAR 研究的基础，目前研究者常用的分子描述符计算软件有 Dragon、PaDEL 等软件。本研究使用 PaDEL[18]软件计算了 2D 类型的分子描述符一千余种（涵盖了拓扑指数描述符、环描述符、分子特性和原子 E 状态描述符等）。对这些分子描述符进行预处理，删除方差为 0 的描述符与常数及近常数的描述符。为了减少数据的冗余性，检测描述符之间的多元共线性，仅保留一个相关系数>0.99 的描述符。最终余下的 833 个描述符供后续建模和分析。将收集的数据划分为训练集（43 种 OPs）、测试集（10 种 OPs）和预测集（9 种 OPs），仅用训练集中的数据进行模型训练，然后在测试集上进行评估，最终对预测集中的化合物毒性进行预测。划分数据集的目的是检验模型的拟合能力与预测能力。

8.3.3 建模方法与结果

案例中采用了逐步多元线性回归（SW-MLR）和基于遗传算法挑选描述符的多元线性回归（GA-MLR）方法建立模型。SW-MLR 方法使用 SPSS 软件完成，GA-MLR 方法则使用 DTC-QSAR 软件[19]。

SW-MLR 的参数设置为 F-to-enter<=0.010，F-to-remove>=0.050。最终，7 个描述符被挑选，7 个被挑选的描述符分别是 ATS3s、GATS3e、MATS8i、JGI7、MATS3i、maxssO 和 topoDiameter。根据这 7 个描述符建立了多元线性回归方程如下。所得方程具有较好的训练集数据拟合能力（ $R^2_{\text{train}}=0.879$ ），并在测试集中具有一定的泛化能力（ $Q^2_{F1}=0.515, Q^2_{F2}=0.505, \text{CCC}_{\text{test}}=0.492$ ）。

$$
\begin{aligned}
\lg \text{LD}_{50} = & -0.154(\pm1.5150)+0.008(\pm0.0018)\text{ATS3s}-2.783(\pm0.5247)\text{GATS3e} \\
& +2.054(\pm0.4083)\text{MATS8i}-88.853(\pm13.1459)\text{JGI7} \\
& -2.871(\pm0.6230)\text{MATS3i}+1.257(\pm0.2907)\max\text{ssO} \\
& -(\pm0.0553)0.180\text{topoDiameter}
\end{aligned}
$$

$$
\begin{aligned}
& N_{\text{train}}=43, R^2_{\text{train}}=0.879, \text{SEE}_{\text{train}}=0.455, F_{\text{train}}=36.248, \\
& \text{MAE}_{\text{test}}=0.532, Q^2_{F1}=0.515, Q^2_{F2}=0.505, \text{CCC}_{\text{test}}=0.492
\end{aligned}
$$

GA-MLR 的参数设置为（迭代次数：200，突变概率：0.3，描述符组合长度：7，初始生成模型数量：100，每次迭代生成模型数量：30，适应度函数：MAE）。最终基于遗传算法挑选的描述符生成的多元线性回归模型如下：

$$
\begin{aligned}
\lg \text{LD}_{50} = & 5.608(\pm0.7354)+0.0067(\pm0.0049)\text{AATSC7m}-0.012(\pm0.0088)\text{ATSC3i} \\
& +0.0133(\pm0.0087)\text{VR3\_Dzp}-3.1038(\pm0.9454)\text{AVP\_4} \\
& -85.9765(\pm14.6601)\text{JGI7}+0.263(\pm0.1021)\text{nsssCH} \\
& -1.2293(\pm0.3834)\text{GATS4p}
\end{aligned}
$$

$$
\begin{aligned}
& N_{\text{train}}=43, R^2_{\text{train}}=0.827, \text{SEE}_{\text{train}}=0.543, Q^2_{\text{LOO}}=0.752, F_{\text{train}}=23.939, \\
& \text{MAE}_{\text{test}}=0.331, Q^2_{F1}=0.831, Q^2_{F2}=0.828, \text{CCC}_{\text{test}}=0.907
\end{aligned}
$$

8.3.4 应用域的表征与最终的应用

根据两种方法所建立模型的统计参数对比，本案例最终采用了 GA-MLR 作为最终的模型，并为其建立了 Williams 应用域的表征[20]，即标准化残差和杠杆值的关系图（图 8.2），其有关的公式如下：

$$h = x_i^{\mathrm{T}} (\boldsymbol{X}^{\mathrm{T}} \boldsymbol{X})^{-1} x_i$$

$$h^* = \frac{3(k+1)}{n}$$

$$\delta = \frac{y_i - \hat{y}_i}{\sqrt{\dfrac{\sum_{i=1}^{n} (y_i - \hat{y}_i)^2}{n-k-1}}}$$

式中：

h——杠杆值；

h^*——警戒杠杆值；

x_i——第 i 个化合物的分子描述符；

$\boldsymbol{X}$——分子描述符所构成的矩阵；

k——描述符的数量；

y_i——模型响应值，本工作中即为大鼠急性毒性的 pLD_{50} 值；

$\hat{y}_i$ 为预测值。

一般认为，$h<h^*$范围内的化合物预测效果较好，$|\delta| > 2.5$ 的化合物均被视为离群点。

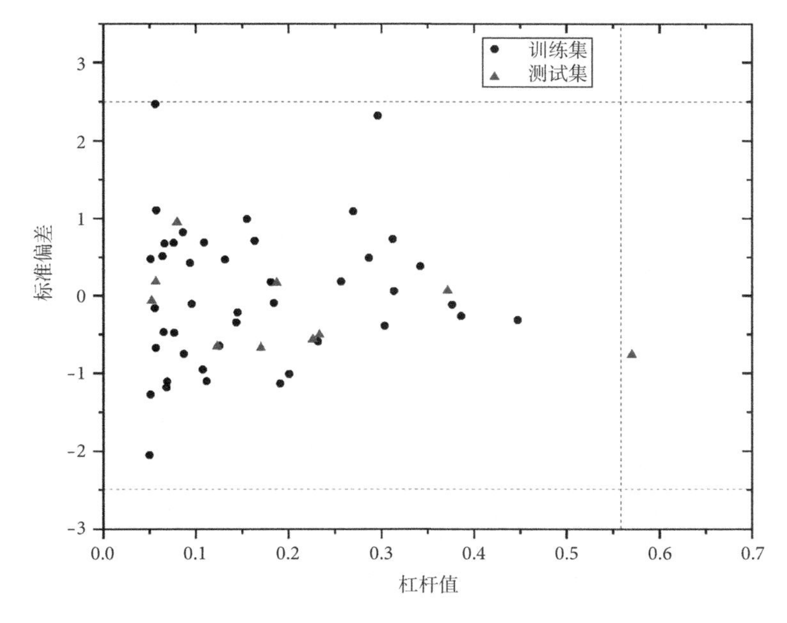

图 8.2　Williams 图表征的应用域

最终给出未有实验数据记录的 9 种 OPs 类物质的毒性如表 8.1。

表 8.1 预测集的结果

英文名	中文名	CAS	预测值（mg/kg）
Trihexyl phosphate	磷酸三己酯	2528-39-4	5024
Diphenyl methyl phosphate	磷酸二苯甲酯	115-89-9	6111
Diphenyl *p*-tolyl phosphate	磷酸甲酚二苯酯	78-31-9	2325
Tri-*m*-cresyl phosphate	三甲苯磷酸酯	563-04-2	2039
Tricresyl phosphate	磷酸三甲苯酯	78-32-0	7875
Tert-Butylphenyl diphenyl phosphate	磷酸叔丁基苯二苯酯	56803-37-3	2986
Butylated triphenyl phosphate	丁基三苯基磷酸盐	220352-35-2	2334
Bisphenol A bis(diphenyl phosphate)	磷酸双酚 A 四苯酯	5945-33-5	11672
Tris(3-chloropropyl)phosphate	磷酸三(2-氯丙基)酯	1067-98-7	3485

本节介绍了本次建模所用的方法，研究者需要注意的是，QSAR 建模是开放性的，并不仅有单一的顺序流程。

参 考 文 献

[1] Cramer R D, Patterson D E, Bunce J. Comparative molecular field analysis (CoMFA). 1. Effect of shape on binding of steroids to carrier proteins. Journal of the American Chemical Society, 1988, 110(18): 5959-5967.

[2] Klebe G, Abraham U, Mietzner T. Molecular similarity indices in a comparative analysis (CoMSIA) of drug molecules to correlate and predict their biological activity. Journal of Medicinal Chemistry, 1994, 37(24): 4130-4146.

[3] Silverman B, Platt D. Comparative molecular moment analysis (CoMMA): 3D-QSAR without molecular superposition. Journal of Medicinal Chemistry, 1996, 39(11): 2129-2140.

[4] Holland J H J S A. Genetic algorithms. Scientific American, 1992, 267(1): 66-73.

[5] Van Laarhoven P J, Aarts E H. Simulated annealing. Simulated annealing: Theory and applications. Dordrecht: Springer, 1987: 7-15.

[6] Adenot M, Lahana R J J O C I, Sciences C. Blood-brain barrier permeation models: Discriminating between potential CNS and non-CNS drugs including P-glycoprotein substrates. Journal of chemical information and computer sciences, 2004, 44(1): 239-248.

[7] González-Díaz H, Torres-Gómez L A, Guevara Y, et al. Markovian chemicals "in silico" design (MARCH-INSIDE), a promising approach for computer-aided molecular design III: 2.5 D indices for the discovery of antibacterials. Journal of molecular modeling, 2005, 11(2): 116-123.

[8] Polishchuk P G, Muratov E N, Artemenko A G, et al. Application of random forest approach to QSAR prediction of aquatic toxicity. Journal of chemical information and modeling, 2009, 49(11): 2481-2488.

[9] He T, Lai W, Li M, et al. The detonation heat prediction of nitrogen-containing compounds based on quantitative structure-activity relationship (QSAR) combined with random forest (RF). Chemometrics and Intelligent Laboratory Systems, 2021, 213:104249.

[10] McKim J M, Bradbury S P, Niemi G J J E H P. Fish acute toxicity syndromes and their use in the QSAR approach to hazard assessment. Environmental Health Perspectives, 1987, 71:171-186.

[11] Veith G D, Mekenyan O G. A QSAR approach for estimating the aquatic toxicity of soft electrophiles [QSAR for soft electrophiles]. Quantitative Structure-Activity Relationships, 1993, 12(4): 349-356.

[12] Zhu M, Ge F, Zhu R, et al. A DFT-based QSAR study of the toxicity of quaternary ammonium compounds on *Chlorella vulgaris*. Chemosphere, 2010, 80: 46-52.

[13] Bhhatarai B, Gramatica P J C R I T. Per-and polyfluoro toxicity (LC_{50} inhalation) study in rat and mouse using QSAR modeling. Chemical research in toxicology, 2010, 23(3): 528-539.

[14] Toropova A, Toropov A, Benfenati E, et al. QSAR modelling toxicity toward rats of inorganic substances by means of CORAL. Open Chemistry, 2011, 9(1): 75-85.

[15] Demchuk E, Ruiz P, Chou S, et al. SAR/QSAR methods in public health practice. Toxicology and Applied Pharmacology, 2011, 254(2): 192-197.

[16] Tice R R, Austin C P, Kavlock R J, et al. Improving the human hazard characterization of chemicals: A Tox21 update. Environmental Health Perspectives, 2013, 121(7): 756-765.

[17] Wu Z, Zhu M, Kang Y, et al. Do we need different machine learning algorithms for QSAR modeling? A comprehensive assessment of 16 machine learning algorithms on 14 QSAR data sets. Briefings in Bioinformatics, 2021, 22(4): bbaa321.

[18] Yap C W J J O C C. PaDEL-descriptor: An open source software to calculate molecular descriptors and fingerprints. Journal of computational chemistry, 2011, 32(7): 1466-1474.

[19] Ambure P, Aher R B, Gajewicz A, et al. "NanoBRIDGES" software: Open access tools to perform QSAR and nano-QSAR modeling. Chemometrics and Intelligent Laboratory Systems, 2015, 147:1-13.

[20] OECD. Guidance Document on the Validation of (Quantitative) Structure-Activity Relationship [(Q)SAR] Models. 2014.

第 9 章　我国场地土壤高风险污染物的毒性参数及其数据库

当前我国在开展环境污染物的风险评估和治理等工作时，常常因缺乏本土基础毒性数据库和平台而备受掣肘。建立本土化的健康毒性数据库和数据应用平台成为我国环境污染物毒性研究的当务之急。

9.1　我国场地土壤高风险污染物毒性数据库的指标体系构建

9.1.1　环境污染物的健康毒性数据指标体系构建原则

环境污染物的健康毒性数据指标体系构建将遵循以下原则：①以技术为依据：指标体系的构建应建立在我国人体健康风险评价技术发展水平的基础上，既要体现技术的先进性，同时也要具有可操作性。②结合我国实际需求提出数据库指标体系：在指标体系构建过程中，对国内外相关数据库指标体系进行分析研究，充分汲取其先进经验，并按照我国实际需求提出指标体系构建方案，防止照搬、照抄。③阶段性原则：指标体系应随着技术的进步不断完善，对指标体系进行定期修订。

9.1.2　数据库指标体系的特点与构成要素

我国有毒有害污染物健康毒性数据库指标体系有以下特点：①具有信息完整、丰富、有效的健康毒性数据库指标体系；②注重收集和使用中国本土化的健康毒性参数；③采用统一的健康毒性参数整编与推导技术方法进行赋值。

借鉴国内外相关健康毒性数据库建设的经验，考虑我国场地土壤污染物管理及应用需求，我国构建的“场地土壤高风险污染物毒性数据库”主要面向场地土壤污染健康风险评估与监管，主要考虑污染物基础参数、毒性参数和国内现行风险管控数据 3 个方面指标（图 9.1）。

其中，基础参数主要包含基本信息（如污染物中文名称、英文名称、CAS 号等）、理化性质参数、GHS 分类等；毒性参数主要为经过筛选、标准化和本土化计算后的毒性参数；风险管控数据主要为国内现行土壤筛选值或管制值。

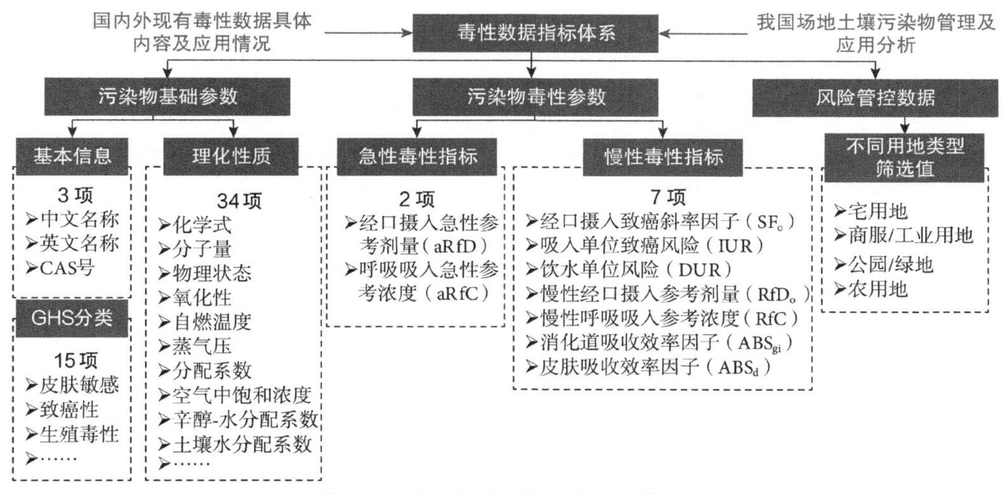

图 9.1　污染物毒性数据库指标体系

9.1.3　毒性参数指标体系

毒性参数指标体系包括慢性毒性参数、急性毒性参数和毒性参数元数据等。

慢性毒性指标包括经口摄入致癌斜率因子（SF_o）、吸入单位致癌风险（IUR）、饮水单位风险（DUR）、慢性经口摄入参考剂量（RfD_o）、慢性呼吸吸入参考浓度（RfC）、消化道吸收效率因子（ABS_{gi}）、皮肤吸收效率因子（ABS_d）等 7 项；急性毒性指标包括经口摄入急性参考剂量（aRfD）、呼吸吸入急性参考浓度（aRfC）2项。

毒性参数元数据包括不同暴露途径（经口/呼吸吸入/皮肤接触）、不同实验周期（慢性、急性）毒性参数的数据来源、起算点（POD）、关键毒性效应、靶器官、致癌效应类型、实验研究物种、实验处理方法、实验时间、不确定系数、修正系数以及相关的原始文献和数据分析报告等。

9.1.4　基础参数指标体系

污染物的基础参数指标体系主要包括基本信息、理化性质和 GHS 分类。

基本信息包括污染物中文名称、英文名称、CAS 号等 3 项。

理化性质包括化学式、平面结构、立体结构、分子量、物理状态、颜色、黏度、氧化性、闪点、自燃温度、“转换因子：ppm 转换成 mg/m^3”、蒸气压、分配系数、空气中饱和浓度、降解反应速率常数、水溶解度、密度、熔点、沸点、标准沸点下的蒸发焓、临界温度、无单位亨利定律常数、亨利定律常数、辛醇-水分配系数的对数值、土壤水分配系数、有机碳分配系数、土壤到陆生植物的吸收率（Soil-to-Dry Plant Uptake）、土壤到水生植物的吸收率（Soil-to-Wet Plant Uptake）、空气扩散系数、水中扩散系数、鱼类生物浓缩因子、皮肤渗透常数、牛肉转移系数、牛奶转移系数等 34 项。

GHS 分类包括急性毒性（口服）、急性毒性（皮肤）、急性毒性（吸入：气体）、急性毒性（吸入：蒸气）、急性毒性（吸入：粉尘和烟雾）、皮肤腐蚀/刺激性、严重的眼部损伤/眼睛刺激性、呼吸道致敏作用、皮肤敏感性、生殖细胞致突变性、致癌性、生殖毒性、特定目标器官毒性-单次暴露、特定目标器官毒性-反复暴露、呼吸危害等 15 项。

9.1.5 风险管控数据指标体系

风险管控数据主要包括我国现行国家及地方针对不同用地类型（包括住宅用地、商服/工业用地、公园/绿地、农用地）的污染物筛选值或标准。

9.2 场地土壤高风险污染物毒性数据库构建

针对我国场地土壤污染管理长期存在的问题，综合利用云服务、互联网等新一代网信技术[1-3]，构建涵盖典型高风险污染物毒性参数和毒性效应等信息，基于我国场地土壤管理及应用需求的毒性数据库系统，实现对毒性数据的高效管理、查询和使用，为我国场地土壤污染物健康风险评估和管理提供基础数据信息和数据共享平台[4]。

9.2.1 数据库系统设计

系统调研国内外的化学品及场地土壤污染物相关数据库[5-8]，深入分析其功能结构框架、指标体系等，对我国场地土壤高风险污染物毒性数据库系统功能进行设计。具体将系统分为公众端和后台管理端。其中，公众端面向国内外相关用户，重点为其提供便捷的毒性数据查询方式、高效的数据导出服务和美观的信息查看预览界面，其中共设计了 17 个子功能模块；后台管理端面向数据库管理员，主要为其提供高效的数据及用户组织管理工具，对公众端访问流量情况进行统计分析，共设计了 22 个功能模块，详见表 9.1。

表 9.1 污染场地土壤高风险污染物毒性数据库系统功能需求设计结果

序号	建设内容			数量	单位
1	公众端	概况	热门数据	1	个
2			专题图	1	个
3			一键搜索	1	个
4			按字母查询	1	个
5			其他功能	1	个

续表

序号	建设内容			数量	单位
6	公众端	概况	其他页面的入口	1	个
7		高级查询	分类查询	1	个
8			定制查询	1	个
9		信息服务功能	一键导出	1	个
10			按照字段定制导出	1	个
11			研究成果集成	1	个
12		关于	关于我们	1	个
13			信息反馈	1	个
14		其他功能	注册功能	1	个
15			登录功能	1	个
16			按列表查看	1	个
17			详细信息查看	1	个
18	后台管理端	毒性数据管理	新增功能	1	个
19			一键导入	1	个
20			编辑功能	1	个
21			查看功能	1	个
22			搜索功能	1	个
23			导出功能	1	个
24		数据审核管理	审核功能	1	个
25			发布功能	1	个
26		修改日志查询	查询功能	1	个
27		系统管理人员信息	新增功能	1	个
28			编辑功能	1	个
29			删除功能	1	个
30			基本搜索	1	个
31		用户信息管理	新增功能	1	个
32			编辑功能	1	个
33			删除功能	1	个
34		系统后台管理	基本搜索	1	个
35			菜单管理	1	个
36			参数管理	1	个
37			版本管理	1	个
38		权限管理	权限管理	1	个
39		统计分析	统计功能	1	个

9.2.2 数据库系统公众端

为满足国内外相关用户对我国场地土壤高风险污染物毒性数据的查询、查看等需求，本项目设计了由首页、数据服务、高级查询和其他功能构成的毒性数据库公众端，为用户提供了便捷的毒性数据查询方式、高效的数据导出服务和美观的信息查看预览界面。

1. 首页

公众端首页包括热门数据、专题图、一键搜索、按字母查询、其他功能和相关平台入口等子功能模块，展示了数据的基本情况，同时为用户提供系统重要的功能入口及国内外相关平台的一键跳转接口。

1）热门数据

展示最常被搜索的环境污染物（前九种），体现了本系统环境污染物的查询使用热点，点击后可跳转到对应环境污染物具体信息展示界面。

2）专题图

动态展示本项目相关专题成果，如污染场地现场调研照片、会议照片、各课题成果制图等。

3）一键搜索

根据污染物的中文名称、英文名称、CAS 号搜索有毒有害污染物，提供搜索示例，查询结果可直接跳转到具体信息展示界面。

4）按字母查询

按环境污染物英文首字母顺序，按字母、分页面进行展示，点击相应的污染物数据后可跳转到具体信息展示界面。

5）其他功能

提供包括信息预览、数据服务、高级查询等系统功能的入口。

6）相关平台入口

国内外相关平台的一键跳转接口，包括化学物质毒性数据库、EPA、ATSDR 等 10 个平台链接入口（图 9.2）。

图 9.2　公众端首页

2. 数据服务

通过数据服务，用户可以对毒性数据进行一键导出，可以根据不同子功能模块，包括热门数据、专题图、数据分类、其他功能和相关平台入口等，为用户展现场地土壤高风险污染物毒性数据库中数据的基本情况，同时为用户提供污染场地土壤高风险污染物毒性数据库系统重要的功能入口及国内外相关平台的一键跳转接口。

1）一键导出

提供将数据库中的所有环境污染物数据一键导出功能，同时提供按 CAS 编号和中文名称进行查询的功能（图 9.3）。

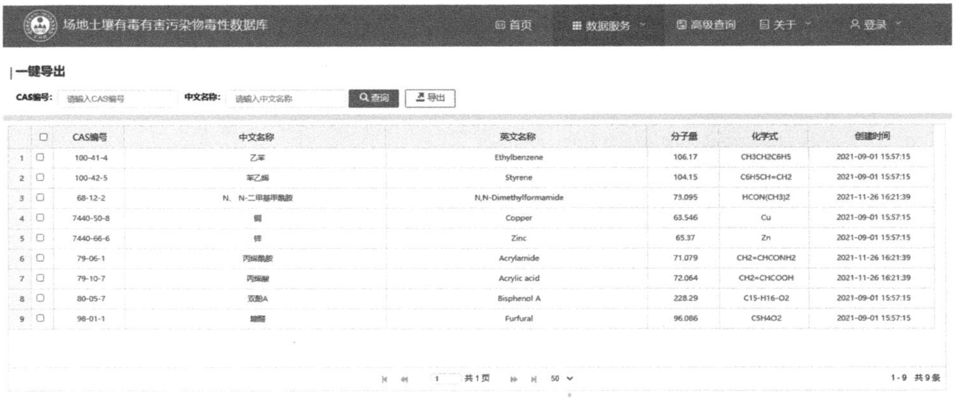

	CAS编号	中文名称	英文名称	分子量	化学式	创建时间
1	100-41-4	乙苯	Ethylbenzene	106.17	CH3CH2C6H5	2021-09-01 15:57:15
2	100-42-5	苯乙烯	Styrene	104.15	C6H5CH=CH2	2021-09-01 15:57:15
3	68-12-2	N，N-二甲基甲酰胺	N,N-Dimethylformamide	73.095	HCON(CH3)2	2021-11-26 16:21:39
4	7440-50-8	铜	Copper	63.546	Cu	2021-09-01 15:57:15
5	7440-66-6	锌	Zinc	65.37	Zn	2021-09-01 15:57:15
6	79-06-1	丙烯酰胺	Acrylamide	71.079	CH2=CHCONH2	2021-11-26 16:21:39
7	79-10-7	丙烯酸	Acrylic acid	72.064	CH2=CHCOOH	2021-11-26 16:21:39
8	80-05-7	双酚A	Bisphenol A	228.29	C15-H16-O2	2021-09-01 15:57:15
9	98-01-1	糠醛	Furfural	96.086	C5H4O2	2021-09-01 15:57:15

图 9.3　公众端一键导出功能

2）定制导出

将环境污染物参数分为基本信息、理化性质参数、毒性参数、GHS 分类、毒性参数元数据、风控参数，通过勾选部分或全部感兴趣的参数，可实现对环境污染物相关数据的定制化导出（图 9.4）。

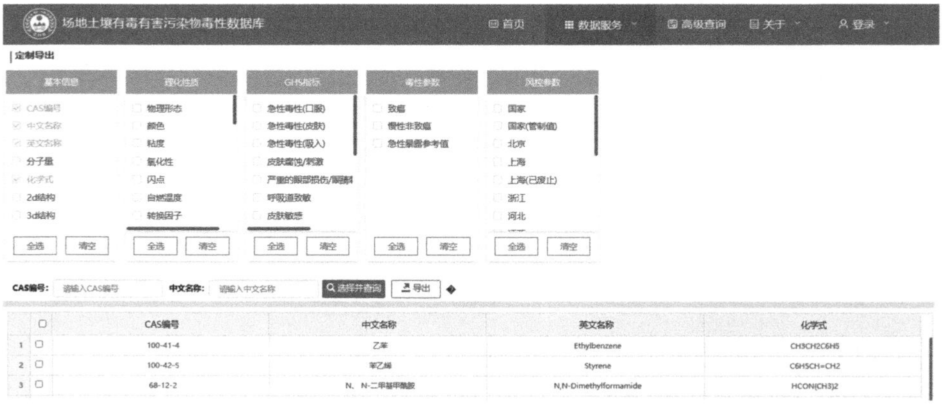

图 9.4　公众端定制导出功能

3）信息预览

在统一的信息预览展示界面中实现环境污染物相关参数的可视化展示，给用户提供环境污染物详细信息展示结果（图 9.5）。

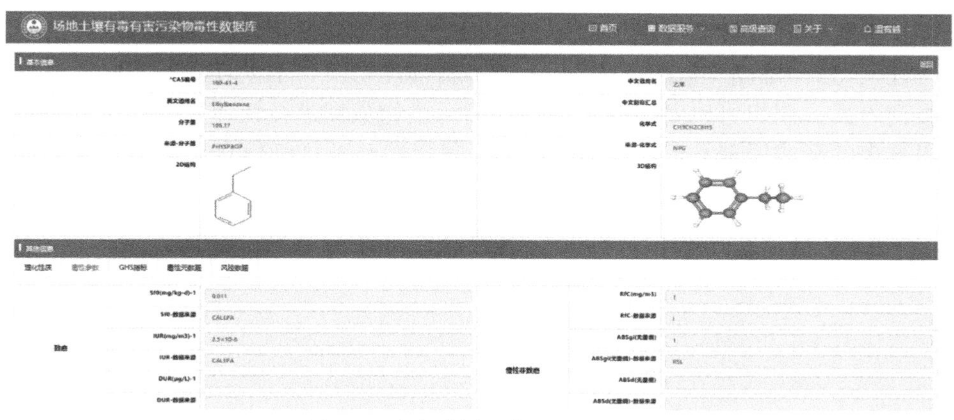

图 9.5　公众端详细信息展示功能

4）研究成果

提供成果信息展示及下载功能，包括科技论文、标准规范、技术手册、专利软著等（图 9.6）。

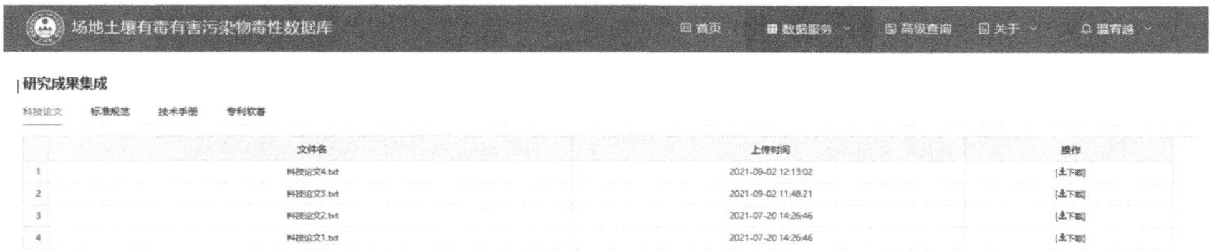

场地土壤有毒有害污染物毒性数据库　首页　数据服务　高级查询　关于　温宥越

研究成果集成

科技论文　标准规范　技术手册　专利软著

	文件名	上传时间	操作
1	科技论文4.txt	2021-09-02 12:13:02	[下载]
2	科技论文3.txt	2021-09-02 11:48:21	[下载]
3	科技论文2.txt	2021-07-20 14:26:46	[下载]
4	科技论文1.txt	2021-07-20 14:26:46	[下载]

图 9.6　公众端研究成果展示功能

3. 高级查询

环境污染物的数据多、信息量大，要在众多信息中快速识别查找到某个特定的环境污染物数据具有一定的难度，因此数据查询功能十分必要。高级查询功能主要是通过快速搜索引擎实现对系统信息的多样化查询检索，包括分类查询和定制查询。

1）分类查询

提供按致癌性、毒性靶器官、暴露途径、毒性靶系统、GHS 标签的分类查询功能。致癌性分为致癌和非致癌；毒性靶器官分为眼、心血管、皮肤、肝脏、胃肠和其他；暴露途径分为经口、呼吸吸入、皮肤接触和其他；毒性靶系统分为泌尿系统、生殖系统、消化系统、神经系统、免疫系统、发育系统、皮肤系统、呼吸系统、运动系统和循环系统等；GHS 标签分为呼吸感作性、急性毒性（急性致死毒性）、急性毒性（危险有害性）、金属腐食性物质、水生环境有害性。通过这种查询方式，用户可以对不同类型的环境污染物数据进行快速查询，查询结果首先以列表的形式展现，点击具体污染物后可以跳转到详细信息界面（图 9.7）。

图 9.7　公众端分类查询功能

2）定制查询

将环境污染物参数分为基本信息、理化参数、毒性参数、GHS 分类、毒性元数据、风控参数，通过勾选部分或全部感兴趣的参数，可实现对环境污染物不同参数数据的定制化查询（图 9.8）。

图 9.8　公众端定制查询功能

4. 其他功能

1）信息反馈

用于用户将本系统使用过程中的问题反馈到后台，以帮助本系统优化与完善，提升系统的生命力及科学性，具体包括用户反馈的内容及其联系方式等（图 9.9）。

图 9.9　公众端信息反馈功能

2）关于我们

关于我们主要展示了开发本系统的团队信息（图 9.10）。

3）用户注册

本系统为全球用户提供了注册功能，填写字段包括手机号、密码、验证码、姓名、性别、国别、工作单位、职称、个人邮箱、联系方式。

4）登录

通过填写注册时的手机号和密码，用户可以登录本平台，当忘记密码时可以通过“忘记密码”的功能找回密码。

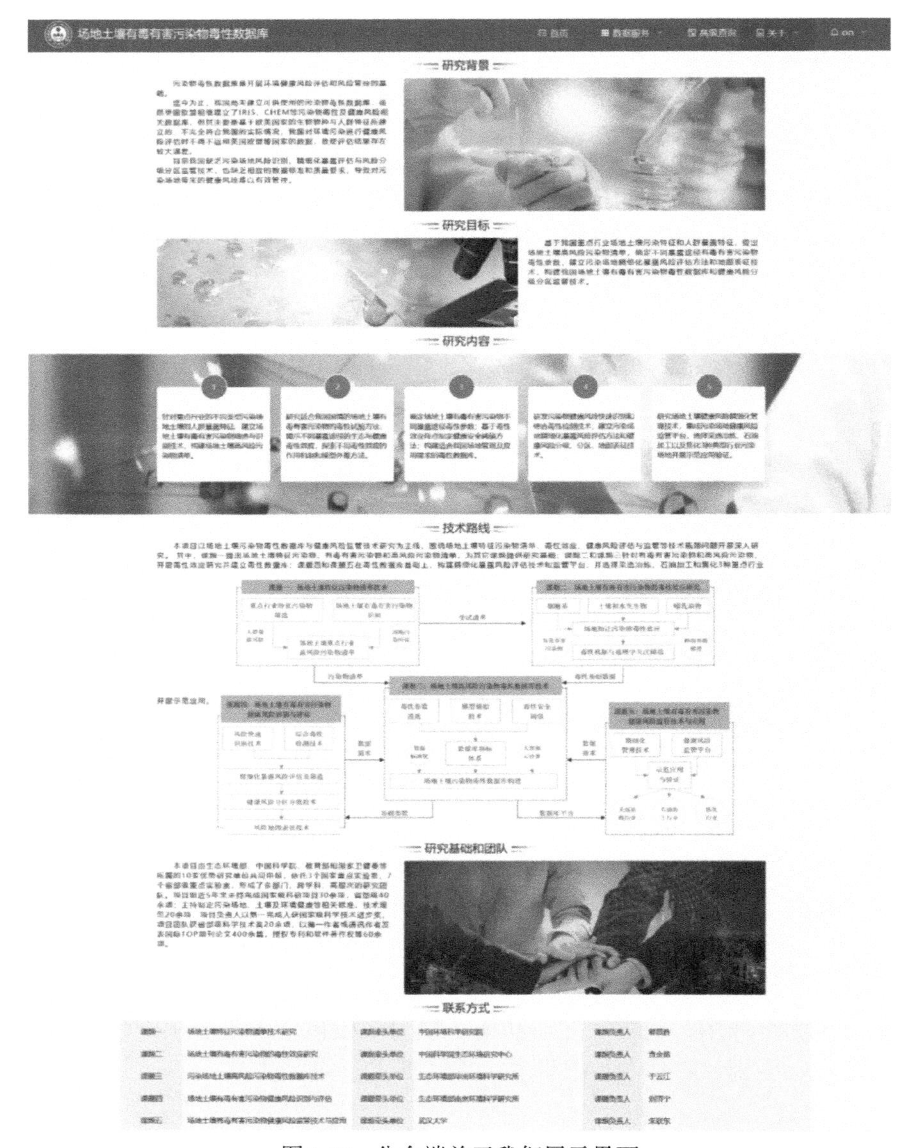

图 9.10　公众端关于我们展示界面

9.2.3　数据库后台管理系统

毒性数据库后台管理系统面向数据库管理员，主要为其提供高效的数据及用户组织管理工具，可对公众端毒性数据访问流量情况进行统计分析，对用户的反馈信息进行管理。

1. 毒性数据管理

毒性数据库后台管理系统提供了流程化的毒性数据管理功能，主要包括对数据的维护和审核发布功能。

1）数据维护

数据维护是指对污染物的基本信息、理化参数、毒性参数、GHS 分类、毒性元数据、风控参数 6 种信息的维护，包括新增、修改、删除等，同时通过 EXCEL 模块将整理好的污染物毒性数据一键导入到系统和数据库中（图 9.11）。

	CAS编号	中文名	英文名	化学式	分子量	创建时间	状态	操作
1	68-12-2	N，N-二甲基甲酰胺	N,N-Dimethylformamide	HCON(CH3)2	73.095	2021-11-26 16:21:39	已发布	[修改] [删除]
2	79-06-1	丙烯酰胺	Acrylamide	CH2=CHCONH2	71.079	2021-11-26 16:21:39	已发布	[修改] [删除]
3	79-10-7	丙烯酸	Acrylic acid	CH2=CHCOOH	72.064	2021-11-26 16:21:39	已发布	[修改] [删除]
4	100-42-5	苯乙烯	Styrene	C6H5CH=CH2	104.15	2021-09-01 15:57:15	已发布	[修改] [删除]
5	98-01-1	糠醛	Furfural	C5H4O2	96.086	2021-09-01 15:57:15	已发布	[修改] [删除]
6	7440-50-8	铜	Copper	Cu	63.546	2021-09-01 15:57:15	已发布	[修改] [删除]
7	7440-66-6	锌	Zinc	Zn	65.37	2021-09-01 15:57:15	已发布	[修改] [删除]
8	100-41-4	乙苯	Ethylbenzene	CH3CH2C6H5	106.17	2021-09-01 15:57:15	已发布	[修改] [删除]
9	80-05-7	双酚A	Bisphenol A	C15-H16-O2	228.29	2021-09-01 15:57:15	已发布	[修改] [删除]

图 9.11　污染物毒性数据维护界面

2）数据审核发布

维护后的污染物毒性数据需要管理员进行审核，确保公开发表数据信息的准确性，保证污染物毒性数据库的质量（图 9.12）。

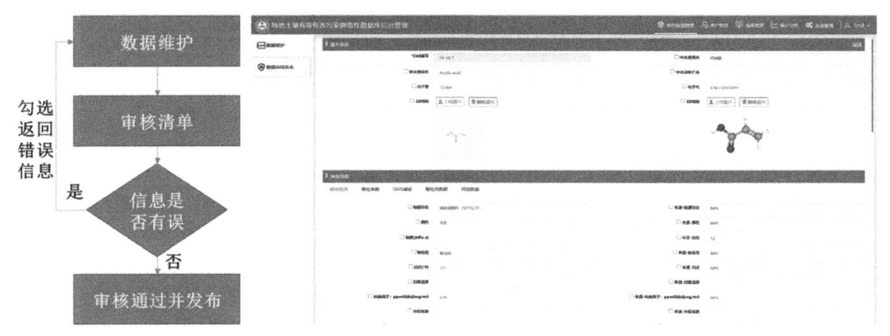

图 9.12　数据审核发布流程和管理端数据审核界面

2. 用户管理

用户管理功能主要是对公众端注册用户的管理，也包括对管理端管理人员的管理。主要涵盖用户信息管理、用户删除及权限管理等。

1）注册用户管理

启用和禁用注册用户，同时可对用户的 ID 号、名字、性别、职称、国别、工作单位、联系方式等信息的更新、删除等管理操作（图 9.13 和图 9.14）。

图 9.13　管理端用户列表展示界面

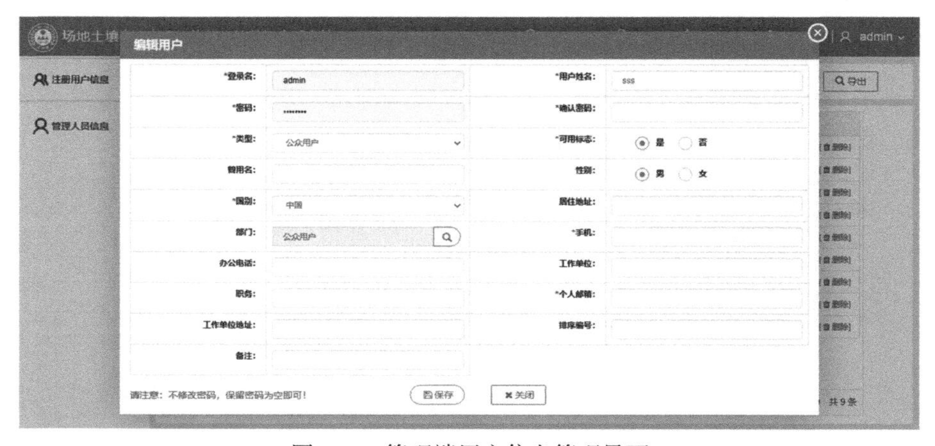

图 9.14　管理端用户信息管理界面

2）系统管理员管理

启用和禁用系统管理员，对系统管理员的 ID 号、名字、性别、职称、国别、工作单位、联系方式等信息的更新、删除等管理操作，对系统管理员的角色进行绑定和修改（图 9.15）。

图 9.15　管理人员信息和角色绑定

3. 成果管理

后台管理端通过统一的管理界面实现相关数据库科研成果的管理，包括技术手册、科技论文、标准规范、专利软著等，可实现对成果的上传、下载和删除（图 9.16）。

图 9.16　成果管理界面

4. 统计分析

统计分析功能主要是对在本系统注册的用户按用户特性、毒性参数的查询及下载情况进行统计分析，判断本系统的活跃程度和热门毒性参数分布情况。

1）用户特性统计分析

对在本系统注册的所有用户按性别、国籍、职称等特性进行统计分析，从而辅助管理人员对本系统用户情况进行掌握，发现潜在研究同行的特性分布情况（图9.17）。

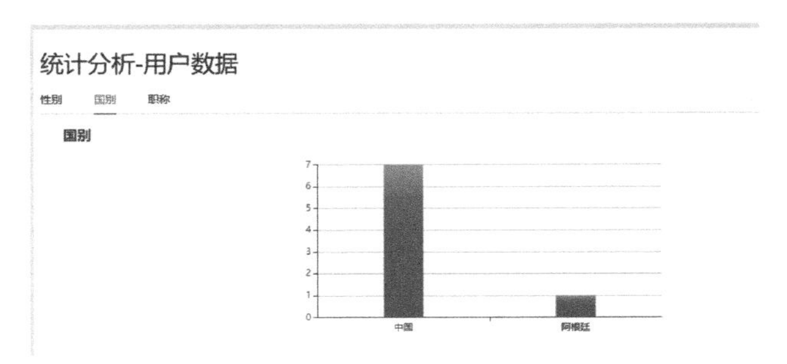

图 9.17　用户特性统计分析

2）污染物毒性数据流量统计分析

对污染物毒性数据按人体系统和关键器官进行统计，从而识别系统中各污染物毒性数据的分布情况，同时对各污染物毒性数据的访问流量（包括近一年查看量和近一年下载量）进行统计分析，辅助判断同行重点关注的污染物毒性数据的分布情况（图 9.18 和图 9.19）。

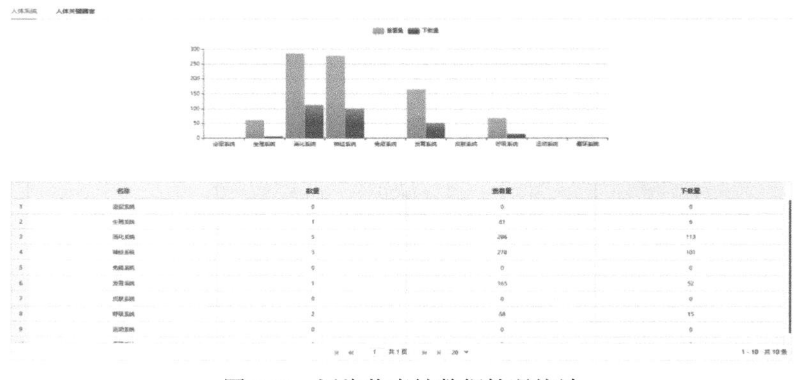

图 9.18　污染物毒性数据情况统计

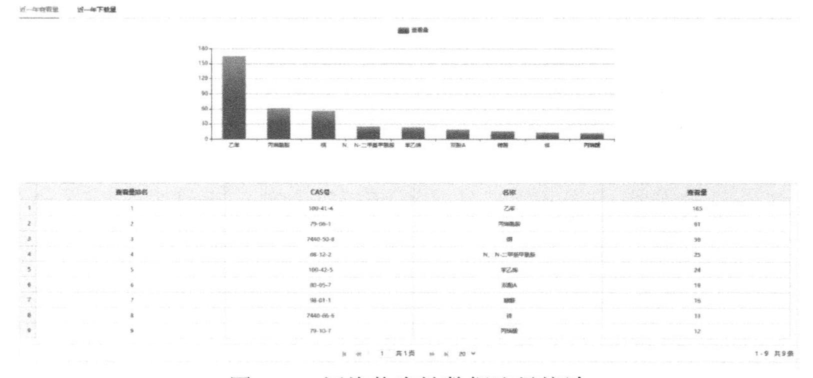

图 9.19　污染物毒性数据流量统计

5. 反馈信息查询与管理

对用户在公众端反馈的信息进行查看和管理，根据反馈者的信息通过邮箱或电话的方式进行回应，并对有价值的信息进行保留（图 9.20）。

图 9.20　管理端信息反馈结果查询界面

参 考 文 献

[1] 夏薇薇. 浅谈如何使用 JAVA EE 技术构建组合信息数据库. 电子制作, 2013, 9:83.

[2] 周瀚章, 冯广, 龚旭辉, 等. 基于大数据的 ETL 中的数据清洗方案研究. 工业控制计算机, 2018, 31(12): 108-110.

[3] Agarwal S, Rajan K S. Performance analysis of MongoDB versus PostGIS/PostGreSQL databases for line intersection and point containment spatial queries. Spatial Information Research, 2016, 24(6): 50.

[4] 温宥越, 于云江, 孙强, 等. 我国污染物健康风险毒性数据库构建研究. 环境科学研究, 2022(35): 2608-2617.

[5] Dooley E E. EHPnet: Collaborative on health and the environment toxicant and disease database. Environmental Health Perspectives, 2006, 114(9): 523.

[6] Harris S M, Jin Y, Loch-Caruso R, et al. Toxicants associated with spontaneous abortion in the comparative toxicogenomics database (CTD). bioRxiv, 2019, DOI:10.1101/755868.

[7] 吴爱明, 赵晓丽, 冯宇, 等. 美国生态毒理数据库(ECOTOX)对中国数据库构建的启示. 环境科学研究, 2017, 30(4): 636-644.

[8] 董书衡, 张心悦, 魏兰馨, 等. 国内外农药相关数据库建设现状分析. 环境与职业医学, 2020, 37(12): 1211-1218.

附录　我国场地土壤高风险污染物毒性参数

附表 A.1　我国场地土壤高风险污染物的致癌和慢性非致癌毒性参数

序号	CAS 编号	中文名	致癌毒性参数			慢性非致癌毒性参数			
			SF_o $[mg/(kg·d)]^{-1}$	IUR $(μg/m^3)^{-1}$	DUR $(μg/L)^{-1}$	RfD_o [mg/(kg·d)]	RfC (mg/m^3)	ABS_{gi} (无量纲)	ABS_d (无量纲)
1	1918-02-1	毒莠定				$7.00×10^{-1}$		1	0.1
2	57-12-5	氰化物，游离				$6.00×10^{-4}$	$8.00×10^{-4}$	1	
3	68-12-2	*N,N*-二甲基甲酰胺				$1.00×10^{-1}$	$3.00×10^{-2}$	1	
4	79-06-1	丙烯酰胺	$5.00×10^{-1}$	$1.00×10^{-4}$		$2.00×10^{-3}$	$6.00×10^{-3}$	1	0.1
5	79-10-7	丙烯酸				$5.00×10^{-1}$	$1.00×10^{-3}$	1	
6	80-05-7	双酚 A				$5.00×10^{-2}$		1	0.1
7	88-06-2	2,4,6-三氯苯酚	$1.10×10^{-2}$	$3.10×10^{-6}$	$3.10×10^{-7}$	$1.00×10^{-3}$		1	0.1
8	96-12-8	1,2-二溴-3-氯丙烷（DBCP）	$8.00×10^{-1}$	$6.00×10^{-3}$		$2.00×10^{-4}$	$2.00×10^{-4}$	1	
9	98-01-1	糠醛	$3.49×10^{-2}$			$3.00×10^{-3}$	$5.00×10^{-2}$	1	
10	98-07-7	三氯甲苯	$1.30×10^{1}$		$3.60×10^{-4}$			1	
11	100-41-4	乙苯	$1.10×10^{-2}$	$2.50×10^{-6}$		$1.00×10^{-1}$	1.00	1	
12	100-42-5	苯乙烯				$2.00×10^{-1}$	1.00	1	
13	100-44-7	氯化苄	$1.70×10^{-1}$	$4.90×10^{-5}$	$4.90×10^{-6}$	$2.00×10^{-3}$	$1.00×10^{-3}$	1	
14	100-52-7	苯甲醛	$4.00×10^{-3}$			$1.00×10^{-1}$		1	
15	101-68-8	4,4′-亚甲基双(异氰酸苯酯)					$6.00×10^{-4}$	1	0.1
16	1024-57-3	环氧七氯	9.10	$2.60×10^{-3}$	$2.60×10^{-4}$	$1.30×10^{-5}$		1	
17	103-23-1	己二酸二(2-乙基己)酯	$1.20×10^{-3}$		$3.40×10^{-8}$	$6.00×10^{-1}$		1	0.1
18	103-33-3	偶氮苯	$1.10×10^{-1}$	$3.10×10^{-5}$	$3.10×10^{-6}$			1	
19	105-60-2	己内酰胺				$5.00×10^{-1}$	$2.20×10^{-3}$	1	0.1
20	105-67-9	2,4-二甲基苯酚				$2.00×10^{-2}$		1	0.1

续表

序号	CAS 编号	中文名	致癌毒性参数			慢性非致癌毒性参数			
			SF_o [mg/(kg·d)]$^{-1}$	IUR ($\mu g/m^3$)$^{-1}$	DUR ($\mu g/L$)$^{-1}$	RfD_o [mg/(kg·d)]	RfC (mg/m^3)	ABS_{gi} (无量纲)	ABS_d (无量纲)
21	10595-95-6	*N*-亚硝基甲乙胺	2.20×10^{1}	6.30×10^{-3}	6.30×10^{-4}			1	
22	106-37-6	1,4-二溴苯				1.00×10^{-2}		1	
23	106-44-5	4-甲基苯酚				1.00×10^{-1}	6.00×10^{-1}	1	0.1
24	106-46-7	1,4-二氯苯	5.40×10^{-3}	1.10×10^{-5}	6.80×10^{-7}	7.00×10^{-2}	8.00×10^{-1}	1	
25	106-47-8	对氯苯胺	2.00×10^{-1}			4.00×10^{-3}		1	0.1
26	106-88-7	1,2-环氧丁烷（EBU）					2.00×10^{-2}	1	
27	106-89-8	环氧氯丙烷	9.90×10^{-3}	1.20×10^{-6}	2.80×10^{-7}	6.00×10^{-3}	1.00×10^{-3}	1	
28	106-93-4	1,2-二溴乙烷	2.00	6.00×10^{-4}	6.00×10^{-5}	9.00×10^{-3}	9.00×10^{-3}	1	
29	106-99-0	1,3-丁二烯	6.00×10^{-1}	3.00×10^{-5}			2.00×10^{-3}	1	
30	107-02-8	丙烯醛				5.00×10^{-4}	2.00×10^{-5}	1	
31	107-05-1	氯丙烯	2.10×10^{-2}	6.00×10^{-6}			1.00×10^{-3}	1	
32	107-06-2	1,2-二氯乙烷	9.10×10^{-2}	2.60×10^{-5}	2.60×10^{-6}	6.00×10^{-3}	7.00×10^{-3}	1	
33	107-13-1	丙烯腈	5.40×10^{-1}	6.80×10^{-5}	1.50×10^{-5}	4.00×10^{-2}	2.00×10^{-3}	1	
34	1071-83-6	草甘膦				1.00×10^{-1}		1	0.1
35	108-31-6	顺丁烯二酸酐				1.00×10^{-1}	7.00×10^{-4}	1	0.1
36	108-39-4	间甲酚				5.00×10^{-2}	6.00×10^{-1}	1	0.1
37	108-45-2	间苯二胺				6.00×10^{-3}		1	0.1
38	108-60-1	二氯异丙醚				4.00×10^{-2}		1	
39	108-67-8	1,3,5-三甲基苯				1.00×10^{-2}	6.00×10^{-2}	1	
40	108-88-3	甲苯				8.00×10^{-2}	5.00	1	
41	108-90-7	氯苯				2.00×10^{-2}	5.00×10^{-2}	1	
42	108-91-8	环己胺				2.00×10^{-1}		1	
43	108-94-1	环己酮				5.00	7.00×10^{-1}	1	
44	108-95-2	苯酚				3.00×10^{-1}	2.00×10^{-1}	1	0.1
45	109-99-9	四氢呋喃				9.00×10^{-1}	2.00	1	
46	110-00-9	呋喃				1.00×10^{-3}		1	
47	110-82-7	环己烷					6.00	1	

续表

序号	CAS 编号	中文名	致癌毒性参数			慢性非致癌毒性参数			
			SF_o $[mg/(kg \cdot d)]^{-1}$	IUR $(\mu g/m^3)^{-1}$	DUR $(\mu g/L)^{-1}$	RfD_o $[mg/(kg \cdot d)]$	RfC (mg/m^3)	ABS_{gi} (无量纲)	ABS_d (无量纲)
48	110-86-1	吡啶				1.00×10^{-3}		1	
49	1116-54-7	*N*-亚硝二乙醇胺	2.80	8.00×10^{-4}	8.00×10^{-5}			1	0.1
50	115-29-7	硫丹				6.00×10^{-3}		1	
51	116-06-3	涕灭威				1.00×10^{-3}		1	0.1
52	1163-19-5	2,2′，3,3′，4,4′，5,5′，6,6′-十溴二苯醚（BDE-209）	7.00×10^{-4}		2.00×10^{-8}	7.00×10^{-3}		1	0.1
53	117-81-7	邻苯二甲酸二(2-乙基己)酯（DEHP）	1.40×10^{-2}	2.40×10^{-6}	4.00×10^{-7}	2.00×10^{-2}		1	0.1
54	118-74-1	六氯苯	1.60	4.60×10^{-4}	4.60×10^{-5}	8.00×10^{-4}		1	
55	118-96-7	2,4,6-三硝基甲苯（TNT）	3.00×10^{-2}	9.00×10^{-7}		5.00×10^{-4}		1	0.032
56	119-93-7	3,3-二甲基联苯胺	1.10×10^{1}					1	0.1
57	120-12-7	蒽				3.00×10^{-1}		1	0.13
58	120-82-1	1,2,4-三氯苯	2.90×10^{-2}			1.00×10^{-2}	2.00×10^{-3}	1	
59	120-83-2	2,4-二氯酚				3.00×10^{-3}		1	0.1
60	121-14-2	2,4-二硝基甲苯	3.10×10^{-1}	8.90×10^{-5}		2.00×10^{-3}		1	0.102
61	12122-67-7	代森锌				5.00×10^{-2}		1	0.1
62	121-69-7	*N,N*-二甲基苯胺	2.70×10^{-2}			2.00×10^{-3}		1	
63	121-75-5	马拉硫磷				2.00×10^{-2}		1	0.1
64	121-82-4	1,3,5-三硝基六氢-1,3,5-三嗪	8.00×10^{-2}			4.00×10^{-3}		1	0.015
65	122-34-9	西玛津	1.20×10^{-1}		3.40×10^{-6}	5.00×10^{-3}		1	0.1
66	122-42-9	苯胺灵				2.00×10^{-2}		1	0.1
67	123-73-9	巴豆醛	1.90		5.40×10^{-5}	1.00×10^{-3}		1	
68	123-91-1	1,4-二噁烷	1.00×10^{-1}	5.00×10^{-6}	2.90×10^{-6}	3.00×10^{-2}	3.00×10^{-2}	1	
69	12427-38-2	代森锰	6.01×10^{-2}			5.00×10^{-3}		1	0.1
70	124-48-1	二溴一氯甲烷	8.40×10^{-2}		2.40×10^{-6}	2.00×10^{-2}		1	

续表

序号	CAS 编号	中文名	致癌毒性参数			慢性非致癌毒性参数			
			SF_o $[mg/(kg·d)]^{-1}$	IUR $(\mu g/m^3)^{-1}$	DUR $(\mu g/L)^{-1}$	RfD_o $[mg/(kg·d)]$	RfC (mg/m^3)	ABS_{gi} (无量纲)	ABS_d (无量纲)
71	126-99-8	氯丁二烯		$3.00×10^{-4}$		$2.00×10^{-2}$	$2.00×10^{-2}$	1	
72	127-18-4	四氯乙烯	$2.10×10^{-3}$	$2.60×10^{-7}$	$6.10×10^{-8}$	$6.00×10^{-3}$	$4.00×10^{-2}$	1	
73	12789-03-6	氯丹	$3.50×10^{-1}$	$1.00×10^{-4}$	$1.00×10^{-6}$	$5.00×10^{-4}$	$7.00×10^{-4}$	1	0.04
74	129-00-0	芘				$3.00×10^{-2}$		1	0.13
75	1319-77-3	甲酚				$1.00×10^{-1}$	$6.00×10^{-1}$	1	0.1
76	132-64-9	二苯并呋喃				$1.00×10^{-3}$		1	
77	133-06-2	克菌丹	$2.30×10^{-3}$	$6.60×10^{-7}$		$1.30×10^{-1}$		1	0.1
78	137-26-8	福美双				$1.50×10^{-2}$		1	0.1
79	143-50-0	十氯酮	$1.00×10^{1}$	$4.60×10^{-3}$	$3.00×10^{-4}$	$3.00×10^{-4}$		1	0.1
80	151-56-4	乙撑亚胺	$6.50×10^{1}$	$1.90×10^{-2}$				1	
81	1563-66-2	呋喃丹				$5.00×10^{-3}$		1	0.1
82	156-59-2	顺-1,2-二氯乙烯				$2.00×10^{-3}$		1	
83	156-60-5	反式-1,2-二氯乙烯				$2.00×10^{-2}$	$4.00×10^{-2}$	1	
84	1582-09-8	氟乐灵	$7.70×10^{-3}$		$2.20×10^{-7}$	$7.50×10^{-3}$		1	
85	16065-83-1	铬（Ⅲ），不溶盐				1.50		0.13	
86	16752-77-5	灭多威				$2.50×10^{-2}$		1	0.1
87	1746-01-6	2,3,7,8-四氯二苯并对二噁英	$1.30×10^{5}$	$3.80×10^{1}$	4.50	$7.00×10^{-10}$	$4.00×10^{-2}$	1	0.03
88	17804-35-2	苯菌灵	$2.39×10^{-3}$			$5.00×10^{-2}$		1	0.1
89	1897-45-6	百菌清	$1.70×10^{-2}$		$3.10×10^{-7}$	$1.50×10^{-2}$		1	0.1
90	1910-42-5	百草枯				$4.50×10^{-3}$		1	0.1
91	1912-24-9	阿特拉津	$2.30×10^{-1}$		$6.30×10^{-6}$	$3.50×10^{-2}$		1	0.1
92	19666-30-9	噁草酮				$5.00×10^{-3}$		1	0.1
93	2008-41-5	丁酸				$5.00×10^{-2}$		1	
94	205-99-2	苯并[*b*]荧蒽	1.20	$1.10×10^{-4}$				1	0.13
95	206-44-0	荧蒽				$4.00×10^{-2}$		1	0.13
96	207-08-9	苯并[*k*]荧蒽	1.20	$1.10×10^{-4}$				1	0.13

续表

序号	CAS 编号	中文名	致癌毒性参数			慢性非致癌毒性参数			
			SF_o $[mg/(kg·d)]^{-1}$	IUR $(\mu g/m^3)^{-1}$	DUR $(\mu g/L)^{-1}$	RfD_o [mg/(kg·d)]	RfC (mg/m^3)	ABS_{gi} (无量纲)	ABS_d (无量纲)
97	2104-64-5	苯硫磷（EPN）				$1.00×10^{-5}$		1	0.1
98	21087-64-9	嗪草酮				$2.50×10^{-2}$		1	0.1
99	218-01-9	䓛	$1.20×10^{-1}$	$1.10×10^{-5}$				1	0.13
100	22967-92-6	甲基汞（MeHg）				$1.00×10^{-4}$		1	
101	2312-35-8	克螨特	$1.92×10^{-1}$			$4.00×10^{-2}$		1	0.1
102	2385-85-5	灭蚁灵	$1.80×10^{1}$	$5.10×10^{-3}$		$2.00×10^{-4}$		1	
103	25057-89-0	灭草松				$3.00×10^{-2}$		1	0.1
104	2921-88-2	毒死蜱				$1.00×10^{-3}$		1	0.1
105	298-00-0	甲基对硫磷				$2.50×10^{-4}$		1	0.1
106	298-04-4	乙拌磷				$4.00×10^{-5}$		1	0.1
107	300-76-5	二溴磷				$2.00×10^{-3}$		1	
108	302-01-2	肼	3.00	$4.90×10^{-3}$	$8.50×10^{-5}$		$3.00×10^{-5}$	1	
109	309-00-2	艾氏剂	$1.70×10^{1}$	$4.90×10^{-3}$	$4.90×10^{-4}$	$3.00×10^{-5}$		1	
110	319-84-6	α-六氯环己烷	6.30	$1.80×10^{-3}$	$1.80×10^{-4}$	$8.00×10^{-3}$		1	0.1
111	319-85-7	β-六氯环己烷（β-HCH）	1.80	$5.30×10^{-4}$	$5.30×10^{-5}$			1	0.1
112	32534-81-9	五溴联苯醚				$2.00×10^{-3}$		1	
113	330-54-1	敌草隆				$2.00×10^{-3}$		1	0.1
114	330-55-2	利谷隆				$7.70×10^{-3}$		1	0.1
115	34256-82-1	乙草胺				$2.00×10^{-2}$		1	0.1
116	39515-41-8	甲氰菊酯				$2.50×10^{-2}$		1	0.1
117	43121-43-3	三唑酮				$3.40×10^{-2}$		1	0.1
118	50-29-3	滴滴涕	$3.40×10^{-1}$	$9.70×10^{-5}$	$9.70×10^{-6}$	$5.00×10^{-4}$		1	0.03
119	50-32-8	苯并[a]芘（BaP）	1.00	$6.00×10^{-4}$		$3.00×10^{-4}$	$2.00×10^{-6}$	1	0.13
120	51218-45-2	异丙甲草胺				$1.50×10^{-1}$		1	0.1
121	51-28-5	2,4-二硝基苯酚				$2.00×10^{-3}$		1	0.1
122	51630-58-1	氰戊菊酯				$2.50×10^{-2}$		1	0.1

续表

序号	CAS 编号	中文名	致癌毒性参数			慢性非致癌毒性参数			
			SF_o $[mg/(kg·d)]^{-1}$	IUR $(μg/m^3)^{-1}$	DUR $(μg/L)^{-1}$	RfD_o [mg/(kg·d)]	RfC (mg/m^3)	ABS_{gi} (无量纲)	ABS_d (无量纲)
123	51-79-6	氨基甲酸乙酯	1.00	$2.90×10^{-4}$				1	0.1
124	526-73-8	1,2,3-三甲苯				$1.00×10^{-2}$	$6.00×10^{-2}$	1	
125	528-29-0	1,2-二硝基苯				$1.00×10^{-4}$		1	0.1
126	53-70-3	二苯并[*a*,*h*]蒽	4.10	$1.20×10^{-3}$				1	0.13
127	541-73-1	1,3-二氯苯						1	
128	542-88-1	双氯甲醚	$2.20×10^{2}$	$6.20×10^{-2}$	$6.20×10^{-3}$			1	
129	5436-43-1	2,2,4,4-四溴联苯醚（BDE-47）				$1.00×10^{-4}$		1	0.1
130	56-23-5	四氯化碳	$7.00×10^{-2}$	$6.00×10^{-6}$	$2.00×10^{-6}$	$4.00×10^{-3}$	$1.00×10^{-1}$	1	
131	563-12-2	乙硫磷				$5.00×10^{-4}$		1	0.1
132	56-38-2	对硫磷				$3.00×10^{-5}$		1	0.1
133	56-55-3	苯并[*a*]蒽	1.20	$1.10×10^{-4}$				1	0.13
134	576-26-1	2,6-二甲基苯酚				$6.00×10^{-4}$		1	0.1
135	57653-85-7	1,2,3,6,7,8-六氯二苯并对二噁英	$6.20×10^{3}$	1.30	$1.80×10^{-1}$			1	0.03
136	58-89-9	*γ*-六氯环己烷	1.10	$3.10×10^{-4}$	$3.70×10^{-5}$	$3.00×10^{-4}$		1	0.04
137	58-90-2	2,3,4,6-四氯苯酚				$3.00×10^{-2}$		1	0.1
138	591-78-6	2-己酮				$5.00×10^{-3}$	$3.00×10^{-2}$	1	
139	593-60-2	溴乙烯		$1.50×10^{-5}$			$3.00×10^{-3}$	1	
140	59756-60-4	氟啶酮				$8.00×10^{-2}$		1	0.1
141	598-77-6	1,1,2-三氯丙烷				$5.00×10^{-3}$		1	
142	60348-60-9	2,2′,4,4′,5-五溴二苯醚（BDE-99）				$1.00×10^{-4}$		1	0.1
143	60-51-5	乐果				$2.20×10^{-3}$		1	0.1
144	60-57-1	狄氏剂	$1.60×10^{1}$	$4.60×10^{-3}$	$4.60×10^{-4}$	$5.00×10^{-5}$		1	0.1
145	608-93-5	五氯苯				$8.00×10^{-4}$		1	
146	621-64-7	*N*-亚硝基二丙胺	7.00	$2.00×10^{-3}$	$2.00×10^{-4}$			1	0.1
147	62-53-3	苯胺	$5.70×10^{-3}$	$1.60×10^{-6}$	$1.60×10^{-7}$	$7.00×10^{-3}$	$1.00×10^{-3}$	1	0.1

续表

序号	CAS 编号	中文名	致癌毒性参数			慢性非致癌毒性参数			
			SF_o [mg/(kg·d)]$^{-1}$	IUR ($\mu g/m^3$)$^{-1}$	DUR ($\mu g/L$)$^{-1}$	RfD_o [mg/(kg·d)]	RfC (mg/m^3)	ABS_{gi} (无量纲)	ABS_d (无量纲)
148	62-73-7	敌敌畏	2.90×10^{-1}	8.30×10^{-5}	8.30×10^{-6}	5.00×10^{-4}	5.00×10^{-4}	1	0.1
149	62-75-9	*N*-亚硝二甲胺	5.10×10^{1}	1.40×10^{-2}	1.40×10^{-3}	8.00×10^{-6}	4.00×10^{-5}	1	
150	630-20-6	1,1,1,2-四氯乙烷	2.60×10^{-2}	7.40×10^{-6}	7.40×10^{-7}	3.00×10^{-2}		1	
151	63-25-2	西维因				1.00×10^{-1}		1	0.1
152	65-85-0	苯甲酸				4.00		1	0.1
153	67-64-1	丙酮				9.00×10^{-1}	3.09×10^{1}	1	
154	67-66-3	氯仿	3.10×10^{-2}	2.30×10^{-5}		1.00×10^{-2}	9.77×10^{-2}	1	
155	67-72-1	六氯乙烷	4.00×10^{-2}	1.10×10^{-5}	1.00×10^{-6}	7.00×10^{-4}	3.00×10^{-2}	1	
156	67747-09-5	咪鲜胺	1.50×10^{-1}		4.30×10^{-6}	9.00×10^{-3}		1	0.1
157	68085-85-8	氯氟氰菊酯				1.00×10^{-3}		1	0.1
158	68359-37-5	氟氯氰菊酯				2.50×10^{-2}		1	0.1
159	68631-49-2	2,2′,4,4′,5,5′-六溴二苯醚（BDE-153）				2.00×10^{-4}		1	0.1
160	70-30-4	六氯酚				3.00×10^{-4}		1	0.1
161	71-55-6	1,1,1-三氯乙烷				2.00	5.00	1	
162	72178-02-0	氟美沙芬				2.50×10^{-3}		1	0.1
163	72-20-8	异狄氏剂				3.00×10^{-4}		1	0.1
164	72-43-5	甲氧氯				5.00×10^{-3}		1	0.1
165	72-54-8	滴滴滴	2.40×10^{-1}	6.90×10^{-5}	6.90×10^{-6}	3.00×10^{-5}		1	0.1
166	72-55-9	2-乙基噻吩	3.40×10^{-1}	9.70×10^{-5}	9.70×10^{-6}	3.00×10^{-4}		1	
167	7439-92-1	铅及其化合物（无机）	8.50×10^{-3}	1.20×10^{-5}				1	
168	7439-96-5	锰				1.40×10^{-1}	5.00×10^{-5}	1 (饮食) 0.04 (非饮食)	
169	7439-97-6	汞（元素）					3.00×10^{-4}		
170	7439-98-7	钼				5.00×10^{-3}	2.00×10^{-3}	1	
171	7440-24-6	锶				6.00×10^{-1}		1	
172	7440-36-0	锑				4.00×10^{-4}	3.00×10^{-4}	0.15	

续表

序号	CAS 编号	中文名	致癌毒性参数			慢性非致癌毒性参数			
			SF_o [mg/(kg·d)]$^{-1}$	IUR (μg/m^3)$^{-1}$	DUR (μg/L)$^{-1}$	RfD_o [mg/(kg·d)]	RfC (mg/m^3)	ABS_{gi} (无量纲)	ABS_d (无量纲)
173	7440-38-2	砷	1.50	4.30		3.00×10^{-4}	1.50×10^{-5}	1	0.03
174	7440-39-3	钡及其化合物				2.00×10^{-1}	5.00×10^{-4}	0.07	
175	7440-41-7	铍		2.40×10^{-3}		2.00×10^{-3}	2.00×10^{-5}	0.007	
176	7440-43-9	镉		1.80×10^{-3}		0.001（食物）0.0005（水）	1.00×10^{-5}	0.025（食物）0.05（水）	0.001
177	7440-50-8	铜				4.00×10^{-2}		1	
178	7440-61-1	铀，天然					4.00×10^{-5}	1	
179	7440-66-6	锌				3.00×10^{-1}		1	
180	74-83-9	溴甲烷				1.40×10^{-3}	5.00×10^{-3}	1	
181	74-87-3	氯甲烷					9.00×10^{-2}	1	
182	74-97-5	溴氯甲烷					4.00×10^{-2}	1	
183	75-00-3	氯乙烷					1.00×10^{1}	1	
184	75-07-0	乙醛		2.20×10^{-6}			9.00×10^{-3}	1	
185	75-21-8	环氧乙烷	3.10×10^{-1}	3.00×10^{-3}	2.90×10^{-5}		3.00×10^{-2}	1	
186	75-25-2	溴仿	7.90×10^{-3}	1.10×10^{-6}	2.30×10^{-7}	2.00×10^{-2}		1	
187	75-27-4	溴二氯甲烷	6.20×10^{-2}	3.70×10^{-5}	1.80×10^{-6}	2.00×10^{-2}		1	
188	75-34-3	1,1-二氯乙烷	5.70×10^{-3}	1.60×10^{-6}		2.00×10^{-1}		1	
189	75-35-4	1,1-二氯乙烯（1,1-DCE）				5.00×10^{-2}	2.00×10^{-1}	1	
190	75-45-6	氯二氟甲烷					5.00×10^{1}	1	
191	75-56-9	环氧丙烷	2.40×10^{-1}	3.70×10^{-6}	6.80×10^{-6}	1.00×10^{-3}	3.00×10^{-2}	1	
192	75-68-3	1-氯-1,1-二氟乙烷					5.00×10^{1}	1	
193	75-69-4	三氯氟甲烷				3.00×10^{-1}		1	
194	75-71-8	二氯二氟甲烷				2.00×10^{-1}	1.00×10^{-1}	1	
195	76-44-8	七氯	4.50	1.30×10^{-3}	1.30×10^{-4}	5.00×10^{-4}		1	
196	77182-82-2	草铵膦				6.00×10^{-3}		1	0.1

续表

序号	CAS 编号	中文名	致癌毒性参数			慢性非致癌毒性参数			
			SF_o [mg/(kg·d)]$^{-1}$	IUR (μg/m^3)$^{-1}$	DUR (μg/L)$^{-1}$	RfD_o [mg/(kg·d)]	RfC (mg/m^3)	ABS_{gi} (无量纲)	ABS_d (无量纲)
197	77-47-4	六氯环戊烷（HCCPD）				6.00×10^{-3}	2.00×10^{-4}	1	
198	7782-49-2	硒				5.00×10^{-3}	2.00×10^{-2}	1	
199	78-00-2	四乙基铅				1.00×10^{-7}		1	
200	78-59-1	异佛尔酮	9.50×10^{-4}		2.70×10^{-8}	2.00×10^{-1}	2.00	1	0.1
201	78-87-5	1,2-二氯丙烷	3.70×10^{-2}	3.70×10^{-6}		4.00×10^{-2}	4.00×10^{-3}	1	
202	79-00-5	1,1,2-三氯乙烷	5.70×10^{-2}	1.60×10^{-5}	1.60×10^{-6}	4.00×10^{-3}	2.00×10^{-4}	1	
203	79-34-5	1,1,2,2-四氯乙烷	2.00×10^{-1}	5.80×10^{-5}	6.00×10^{-6}	2.00×10^{-2}		1	
204	8001-35-2	毒杀芬	1.10	3.20×10^{-4}	3.20×10^{-5}	9.00×10^{-5}		1	0.1
205	80-62-6	甲基丙烯酸甲酯				1.40	7.00×10^{-1}	1	
206	811-97-2	1,1,1,2-四氟乙烷					8.00×10^{1}	1	
207	81335-77-5	咪草烟				2.50		1	0.1
208	82657-04-3	联苯菊酯				1.50×10^{-2}		1	0.1
209	82-68-8	五氯硝基苯	2.60×10^{-1}		7.40×10^{-6}	3.00×10^{-3}		1	
210	83-32-9	苊				6.00×10^{-2}		1	0.13
211	834-12-8	莠灭净				9.00×10^{-3}		1	0.1
212	84-66-2	邻苯二甲酸二乙酯（DEP）				8.00×10^{-1}		1	0.1
213	84-74-2	邻苯二甲酸二丁酯（DBP）				1.00×10^{-1}		1	0.1
214	85-44-9	邻苯二甲酸酐				2.00	2.00×10^{-2}	1	0.1
215	85509-19-9	氟硅唑				2.00×10^{-3}		1	0.1
216	85-68-7	邻苯二甲酸丁苄酯（BBP）	1.90×10^{-3}			2.00×10^{-1}		1	0.1
217	86-30-6	*N*-亚硝二苯胺	4.90×10^{-3}	2.60×10^{-6}	1.40×10^{-7}			1	0.1
218	86-73-7	芴				4.00×10^{-2}		1	0.13
219	87-68-3	六氯丁二烯	7.80×10^{-2}	2.20×10^{-5}	2.20×10^{-6}	1.00×10^{-3}		1	
220	87-86-5	五氯苯酚	4.00×10^{-1}	5.10×10^{-6}	1.10×10^{-5}	5.00×10^{-3}		1	0.25
221	91-20-3	萘	1.20×10^{-1}	3.40×10^{-5}		2.00×10^{-2}	3.00×10^{-3}	1	0.13

续表

序号	CAS 编号	中文名	致癌毒性参数			慢性非致癌毒性参数			
			SF_o $[mg/(kg·d)]^{-1}$	IUR $(μg/m^3)^{-1}$	DUR $(μg/L)^{-1}$	RfD_o $[mg/(kg·d)]$	RfC (mg/m^3)	ABS_{gi} (无量纲)	ABS_d (无量纲)
222	91-22-5	喹啉	3.00		$9.00×10^{-5}$			1	0.1
223	91-57-6	2-甲基萘				$4.00×10^{-3}$		1	0.13
224	91-94-1	3,3′-二氯联苯胺	$4.50×10^{-1}$	$3.40×10^{-4}$	$1.30×10^{-5}$			1	0.1
225	92-52-4	联苯	$8.00×10^{-3}$		$2.30×10^{-7}$	$5.00×10^{-1}$	$4.00×10^{-4}$	1	
226	92-87-5	联苯胺	$2.30×10^{2}$	$6.70×10^{-2}$	$6.70×10^{-3}$	$3.00×10^{-3}$		1	0.1
227	930-55-2	*N*-亚硝基吡咯烷	2.10	$6.10×10^{-4}$	$6.10×10^{-5}$			1	0.1
228	94-74-6	2-甲基-4-氯苯氧乙酸（MCPA）				$5.00×10^{-4}$		1	0.1
229	94-81-5	4-（2-甲基-4-氯苯氧基）丁酸（MCPB）				$4.40×10^{-3}$		1	0.1
230	950-37-8	杀扑磷				$1.50×10^{-3}$		1	0.1
231	95-48-7	2-甲基苯酚				$5.00×10^{-2}$	$6.00×10^{-1}$	1	0.1
232	95-50-1	1,2-二氯苯				$9.00×10^{-2}$	$2.00×10^{-1}$	1	
233	95-57-8	2-氯酚				$5.00×10^{-3}$		1	
234	95-63-6	1,2,4-三甲苯				$1.00×10^{-2}$	$6.00×10^{-2}$	1	
235	95-65-8	3,4-二甲基苯酚				$1.00×10^{-3}$		1	0.1
236	957-51-7	双苯酰草胺				$3.00×10^{-2}$		1	0.1
237	95-94-3	1,2,4,5-四氯苯				$3.00×10^{-4}$		1	
238	95-95-4	2,4,5-三氯苯酚				$1.00×10^{-1}$		1	0.1
239	96-18-4	1,2,3-三氯丙烷	$3.00×10^{1}$			$4.00×10^{-3}$	$3.00×10^{-4}$	1	
240	96-33-3	丙烯酸甲酯					$2.00×10^{-2}$	1	
241	96-45-7	乙烯硫脲（ETU）	$4.50×10^{-2}$	$1.30×10^{-5}$	$3.40×10^{-6}$	$8.00×10^{-5}$		1	0.1
242	98-82-8	异丙苯				$1.00×10^{-1}$	$4.00×10^{-1}$	1	
243	98-86-2	苯乙酮				$1.00×10^{-1}$		1	
244	98-95-3	硝基苯		$4.00×10^{-5}$		$2.00×10^{-3}$	$9.00×10^{-3}$	1	
245	99-35-4	1,3,5-三硝基苯				$3.00×10^{-2}$		1	0.019
246	99-65-0	1,3-二硝基苯				$1.00×10^{-4}$		1	0.1

续表

序号	CAS 编号	中文名	致癌毒性参数			慢性非致癌毒性参数			
			SF_o $[mg/(kg·d)]^{-1}$	IUR $(μg/m^3)^{-1}$	DUR $(μg/L)^{-1}$	RfD_o [mg/(kg·d)]	RfC (mg/m^3)	ABS_{gi} (无量纲)	ABS_d (无量纲)
247	18540-29-9	铬(Ⅵ)	$5.00×10^{-1}$	$1.20×10^{-2}$		$3.00×10^{-3}$	0.0001（Cr(Ⅵ)颗粒）；0.000008（铬酸雾和溶解的Cr (Ⅵ)气溶胶）	0.025	
248	71-43-2	苯	$1.5×10^{-2}$ ~ $5.5×10^{-2}$	$2.2×10^{-6}$ ~ $7.8×10^{-6}$	$4.4×10^{-7}$ ~ $1.6×10^{-6}$	$4.00×10^{-3}$	$3.00×10^{-2}$	1	
249	7440-31-5	锡				$6.00×10^{-1}$		1	
250	333-41-5	二嗪农				$7.00×10^{-4}$		1	0.1
251	8018-01-7	代森锰锌	$6.01×10^{-2}$			$1.60×10^{-2}$		1	0.1
252	1330-78-5	磷酸三甲苯酯				$2.00×10^{-2}$		1	0.1
253	76-01-7	五氯乙烷	$9.00×10^{-2}$					1	
254	124-58-3	甲基胂酸				$1.00×10^{-2}$		1	0.1
255	98-06-6	叔丁基苯				$1.00×10^{-1}$		1	
256	39227-28-6	1,2,3,4,7,8-六氯二苯并二噁英	$1.30×10^{4}$	3.80				1	0.03
257	78-51-3	磷酸三(2-丁氧基乙基)酯						1	0.1
258	99-08-1	3-硝基甲苯				$1.00×10^{-4}$		1	0.1
259	60851-34-5	2,3,4,6,7,8-六氯二苯并[*b*, *d*]呋喃	$1.30×10^{4}$	3.80				1	0.03
260	80-07-9	4,4′-二氯二苯砜				$8.00×10^{-4}$		1	0.1
261	29420-49-3	全氟丁基磺酸钾				$3.00×10^{-4}$		1	0.1
262	375-73-5	全氟-1-丁磺酸				$3.00×10^{-4}$		1	0.1
263	45187-15-3	全氟丁烷磺酸离子				$3.00×10^{-4}$		1	0.1
264	512-56-1	磷酸三甲酯	$2.00×10^{-2}$			$1.00×10^{-2}$		1	0.1
265	534-52-1	4,6-二硝基邻甲酚				$8.00×10^{-5}$		1	0.1

续表

序号	CAS 编号	中文名	致癌毒性参数			慢性非致癌毒性参数			
			SF_o [mg/(kg·d)]$^{-1}$	IUR (μg/m^3)$^{-1}$	DUR (μg/L)$^{-1}$	RfD_o [mg/(kg·d)]	RfC (mg/m^3)	ABS_{gi} (无量纲)	ABS_d (无量纲)
266	541-25-3	路易氏剂				5.00×10^{-6}		1	
267	60-34-4	甲基肼		1.00×10^{-3}		1.00×10^{-3}	2.00×10^{-5}	1	
268	606-20-2	2,6-二硝基甲苯	1.50			3.00×10^{-4}		1	0.099
269	634-93-5	2,4,6-三氯苯胺	7.00×10^{-3}			3.00×10^{-5}		1	0.1
270	7429-90-5	铝				1.00	5.00×10^{-3}	1	
271	74-31-7	*N,N'*-二苯基对苯二胺				3.00×10^{-4}		1	0.1
272	7439-89-6	铁				7.00×10^{-1}		1	
273	7439-91-0	镧				5.00×10^{-5}		1	
274	7440-28-0	铊				1.00×10^{-5}		1	
275	7440-33-7	钨				8.00×10^{-4}		1	
276	7440-48-4	钴		9.00×10^{-3}		3.00×10^{-4}	6.00×10^{-6}	1	
277	7440-62-2	钒				7.00×10^{-5}	1.00×10^{-4}	0.026	
278	7440-67-7	锆				8.00×10^{-5}		1	
279	764-41-0	1,4-二氯-2-丁烯		4.20×10^{-3}				1	
280	78-42-2	磷酸三辛酯	3.20×10^{-3}			1.00×10^{-1}		1	0.1
281	791-28-6	三苯基氧化膦				2.00×10^{-2}		1	0.1
282	84-65-1	9,10-蒽二醌	4.00×10^{-2}			2.00×10^{-3}		1	0.1
283	87-61-6	1,2,3-三氯苯				8.00×10^{-4}		1	
284	88-72-2	2-硝基甲苯	2.20×10^{-1}			9.00×10^{-4}		1	
285	88-74-4	2-硝基苯胺				1.00×10^{-2}	5.00×10^{-5}	1	0.1
286	90-12-0	1-甲基萘	2.90×10^{-2}			7.00×10^{-2}		1	0.13
287	91-59-8	2-萘胺	1.80					1	0.1
288	7440-02-0	镍		2.60×10^{-4}		2.00×10^{-2}	9.00×10^{-5}	0.04	
289	100-01-6	4-硝基苯胺	2.00×10^{-2}			4.00×10^{-3}	6.00×10^{-3}	1	0.1
290	100-25-4	1,4-二硝基苯				1.00×10^{-4}		1	0.1
291	101-14-4	4,4'-亚甲基双(2-氯苯胺)	1.00×10^{-1}	4.30×10^{-4}		2.00×10^{-3}		1	0.1
292	101-84-8	苯醚					4.00×10^{-4}	1	

续表

序号	CAS 编号	中文名	致癌毒性参数			慢性非致癌毒性参数			
			SF_o $[mg/(kg \cdot d)]^{-1}$	IUR $(\mu g/m^3)^{-1}$	DUR $(\mu g/L)^{-1}$	RfD_o $[mg/(kg \cdot d)]$	RfC (mg/m^3)	ABS_{gi} (无量纲)	ABS_d (无量纲)
293	1031-07-8	硫丹硫酸盐				6.00×10^{-3}		1	0.1
294	103-65-1	正丙苯				1.00×10^{-1}	1	1	
295	103-72-0	异硫氰酸苯酯				2.00×10^{-4}		1	
296	104-51-8	正丁基苯				5.00×10^{-2}		1	
297	106-43-4	对氯甲苯				2.00×10^{-2}		1	
298	106-49-0	对甲苯胺	3.00×10^{-2}			4.00×10^{-3}		1	0.1
299	106-50-3	对苯二胺				1.00×10^{-3}		1	0.1
300	107-04-0	1-溴-2-氯乙烷				1.00×10^{-4}	6.00×10^{-5}	1	
301	108-98-5	苯硫酚				1.00×10^{-3}		1	
302	110-57-6	反式-1,4-二氯-2-丁烯		4.20×10^{-3}				1	
303	111-42-2	二乙醇胺				2.00×10^{-3}	2.00×10^{-4}	1	0.1
304	115-96-8	三氯乙基磷酸酯	2.00×10^{-2}			7.00×10^{-3}		1	0.1
305	117-84-0	邻苯二甲酸二正辛酯				1.00×10^{-2}		1	0.1
306	119-90-4	3,3′-二甲氧基联苯胺	1.60					1	0.1
307	126-73-8	磷酸三丁酯	9.00×10^{-3}			1.00×10^{-2}		1	0.1
308	132-65-0	二苯并噻吩				1.00×10^{-2}		1	
309	13674-84-5	磷酸三(1-氯-2-丙基)酯				1.00×10^{-2}		1	0.1
310	140-88-5	丙烯酸乙酯				5.00×10^{-3}	8.00×10^{-3}	1	
311	142-28-9	1,3-二氯丙烷				2.00×10^{-2}		1	
312	1476-11-5	顺式-1,4-二氯-2-丁烯		4.20×10^{-3}				1	
313	149-30-4	2-巯基苯并噻唑	1.10×10^{-2}			4.00×10^{-3}		1	0.1
314	92-84-2	吩噻嗪				5.00×10^{-4}			
315	95-53-4	邻甲苯胺	1.60×10^{-2}	5.10×10^{-5}					
316	95-54-5	邻苯二胺	1.20×10^{-1}			4.00×10^{-3}		1	0.1
317	95-68-1	2,4-二甲基苯胺	2.00×10^{-1}			2.00×10^{-3}		1	0.1

续表

序号	CAS 编号	中文名	致癌毒性参数			慢性非致癌毒性参数			
			SF_o [mg/(kg·d)]$^{-1}$	IUR (μg/m^3)$^{-1}$	DUR (μg/L)$^{-1}$	RfD_o [mg/(kg·d)]	RfC (mg/m^3)	ABS_{gi} (无量纲)	ABS_d (无量纲)
318	95-69-2	4-氯-2-甲基苯胺	1.00×10^{-1}	7.70×10^{-5}		3.00×10^{-3}		1	0.1
319	95-70-5	甲苯-2,5-二胺	1.80×10^{-1}			2.00×10^{-4}		1	0.1
320	99-55-8	2-甲基-5-硝基苯胺	9.00×10^{-3}			2.00×10^{-2}		1	0.1
321	99-99-0	对硝基甲苯	1.60×10^{-2}			4.00×10^{-3}		1	0.1
322	10605-21-7	多菌灵	2.39×10^{-3}			1.40×10^{-1}			
323	122-14-5	杀螟松				1.30×10^{-4}			
324	13194-48-4	灭克磷	2.81×10^{-2}			6.50×10^{-5}			
325	135410-20-7	啶虫脒				7.10×10^{-2}			
326	21564-17-0	苯噻氰				1.00×10^{-2}			
327	298-02-2	甲拌磷				1.70×10^{-4}			
328	3380-34-5	三氯生				3.00×10^{-1}			
329	41198-08-7	丙溴磷				1.20×10^{-4}			
330	52-68-6	敌百虫				7.00×10^{-5}			
331	52918-63-5	溴氰菊酯							
332	5598-13-0	甲基毒死蜱				3.30×10^{-4}			
333	71751-41-2	阿维菌素				2.50×10^{-3}			
334	91465-08-6	高效氯氟氰菊酯							
335	13674-87-8	磷酸三(1,3-二氯异丙基)酯				2.00×10^{-2}		1	0.1
336	101-77-9	4,4′-二氨基二苯甲烷	1.60	4.60×10^{-4}			2.00×10^{-2}	1	0.1
337	106-42-3	对二甲苯				2.00×10^{-1}	1.00×10^{-1}		
338	106-94-5	溴丙烷					1.00×10^{-1}	1	
339	108-38-3	间二甲苯				2.00×10^{-1}	1.00×10^{-1}		
340	111-30-8	戊二醛				1.00×10^{-1}	8.00×10^{-2}	1	
341	135-20-6	铜铁试剂	2.20×10^{-1}	6.30×10^{-5}				1	0.1
342	16984-48-8	氟化物				4.00×10^{-2}	1.30×10^{-2}	1	
343	192-65-4	二苯并[*a*,*e*]芘	1.20×10^{1}	1.10×10^{-3}				1	0.13

续表

序号	CAS 编号	中文名	致癌毒性参数			慢性非致癌毒性参数			
			SF_o $[mg/(kg·d)]^{-1}$	IUR $(\mu g/m^3)^{-1}$	DUR $(\mu g/L)^{-1}$	RfD_o [mg/(kg·d)]	RfC (mg/m^3)	ABS_{gi} (无量纲)	ABS_d (无量纲)
344	194-59-2	7*H*-二苯并咔唑	$1.20×10^{1}$	$1.10×10^{-3}$					
345	19408-74-3	1,2,3,7,8,9-六氯二苯并对二噁英	$1.30×10^{4}$	3.80					
346	205-82-3	苯并[*j*]荧蒽	1.20	$1.10×10^{-4}$				1	0.13
347	224-42-0	二苯并(*a*,*j*)丫啶	1.20	$1.10×10^{-4}$					
348	31508-00-6	2′,3,4,4′,5-五氯联苯	3.90	$1.10×10^{-3}$		$2.30×10^{-5}$	$1.30×10^{-3}$	1	0.14
349	32598-13-3	3,3,4,4-四氯联苯	$1.30×10^{1}$	$3.80×10^{-3}$		$7.00×10^{-6}$	$4.00×10^{-4}$	1	0.14
350	32598-14-4	2,3,3,4,4-五氯二苯酚	3.90	$1.10×10^{-3}$		$2.30×10^{-5}$	$1.30×10^{-3}$	1	0.14
351	3268-87-9	1,2,3,4,6,7,8,9-八氯二苯并对二噁英	$3.90×10^{1}$	$1.10×10^{-2}$					
352	32774-16-6	3,3′,4,4′,5,5′-六氯联苯	$3.90×10^{3}$	1.10		$2.30×10^{-8}$	$1.30×10^{-6}$	1	0.14
353	3697-24-3	5-甲基䓛	$1.20×10^{1}$	$1.10×10^{-3}$					
354	38380-08-4	2,3,3′,4,4′,5-六氯联苯	3.90	$1.10×10^{-3}$		$2.30×10^{-5}$	$1.30×10^{-3}$	1	0.14
355	39001-02-0	1,2,3,4,6,7,8,9-八氯二苯并呋喃	$3.90×10^{1}$	$1.10×10^{-2}$					
356	39635-31-9	2,3,3′,4,4′,5,5′-七氯联苯	3.90	$1.10×10^{-3}$		$2.30×10^{-5}$	$1.30×10^{-3}$	1	0.14
357	40321-76-4	1,2,3,7,8-五氯二苯并对二噁英	$1.30×10^{5}$	$3.80×10^{1}$					
358	51207-31-9	2,4,7,8-四氯二苯并呋喃	$1.30×10^{4}$	3.80					
359	52663-72-6	2,3′,4,4′,5,5′-六氯联苯	3.90	$1.10×10^{-3}$		$2.30×10^{-5}$	$1.30×10^{-3}$	1	0.14
360	5522-43-0	1-硝基芘	1.20	$1.10×10^{-4}$					
361	56-53-1	己烯雌酚	$3.50×10^{2}$	$1.00×10^{-1}$				1	0.1
362	57-97-6	7,12-二甲基苯并[*a*]蒽	$2.50×10^{2}$	$7.10×10^{-2}$				1	0.13

续表

序号	CAS 编号	中文名	致癌毒性参数			慢性非致癌毒性参数			
			SF_o $[mg/(kg·d)]^{-1}$	IUR $(μg/m^3)^{-1}$	DUR $(μg/L)^{-1}$	RfD_o [mg/(kg·d)]	RfC (mg/m^3)	ABS_{gi} (无量纲)	ABS_d (无量纲)
363	57117-41-6	1,2,3,7,8-五氯二苯并呋喃	$3.90×10^3$	1.10					
364	57465-28-8	3,3′,4,4′,5-五溴联苯醚	$1.30×10^4$	3.80				1	0.14
365	57835-92-4	4-硝基二萘	1.20	$1.10×10^{-4}$				1	0.13
366	607-57-8	2-硝基芴	$1.20×10^{-1}$	$1.10×10^{-5}$					
367	65510-44-3	2′,3,4,4′,5-五氯联苯	3.90	$1.10×10^{-3}$		$2.30×10^{-5}$	$1.30×10^{-3}$	1	0.14
368	66-27-3	甲磺酸甲酯	$9.90×10^{-2}$	$2.80×10^{-5}$				1	0.1
369	69782-90-7	2,3,3′,4,4′,5′-六溴联苯醚	3.90	$1.10×10^{-3}$		$2.30×10^{-5}$	$1.30×10^{-3}$	1	0.14
370	70362-50-4	3,4,4′,5-四溴联苯醚	$3.90×10^1$	$1.10×10^{-2}$		$2.30×10^{-6}$	$1.30×10^{-4}$	1	0.14
371	70648-26-9	1,2,3,4,7,8-六氯二苯并呋喃	$1.30×10^4$	3.80					
372	74472-37-0	2′,3,4,4′,5-五氯联苯	3.90	$1.10×10^{-3}$		$2.30×10^{-5}$	$1.30×10^{-3}$	1	0.14
373	759-73-9	*N*-亚硝基-*N*-乙基脲	$2.70×10^1$	$7.70×10^{-3}$				1	0.1
374	90-43-7	邻苯基苯酚	$1.94×10^{-3}$		$5.50×10^{-8}$				
375	92-67-1	4-氨基联苯	$2.10×10^1$	$6.00×10^{-3}$				1	0.1
376	95-47-6	邻二甲苯				$2.00×10^{-1}$	$1.00×10^{-1}$	1	
377	98-83-9	α-甲基苯乙烯				$7.00×10^{-2}$		1	
378	54749-90-5	氯脲菌素	$2.40×10^2$	$6.90×10^{-2}$				1	0.1
379	305-03-3	苯丁酸氮芥	$2.30×10^{-3}$	$1.30×10^{-1}$				1	0.1
380	540-73-8	1,2-二甲基肼	$5.50×10^2$	$1.60×10^{-1}$				1	
381	55673-89-7	1,2,3,4,7,8,9-七氯二苯并呋喃	$1.30×10^3$	$3.80×10^{-1}$				1	0.03
382	67562-39-4	1,2,3,4,6,7,8-六氯二苯并呋喃	$1.30×10^3$	$3.80×10^{-1}$				1	0.03
383	34465-46-8	六氯二苯并对二噁英	$1.30×10^4$	3.80				1	0.03

续表

序号	CAS 编号	中文名	致癌毒性参数			慢性非致癌毒性参数			
			SF_o $[mg/(kg \cdot d)]^{-1}$	IUR $(\mu g/m^3)^{-1}$	DUR $(\mu g/L)^{-1}$	RfD_o $[mg/(kg \cdot d)]$	RfC (mg/m^3)	ABS_{gi} (无量纲)	ABS_d (无量纲)
384	50-07-7	丝裂霉素 C	8.20×10^3	2.30				1	0.1
385	50-76-0	放线菌素 D	8.70×10^3	2.50				1	0.1
386	57117-44-9	1,2,3,6,7,8-六氯二苯并呋喃	1.30×10^4	3.80				1	0.03
387	72918-21-9	1,2,3,7,8,9-六氯二苯并呋喃	1.30×10^4	3.80				1	0.03
388	57117-31-4	2,3,4,7,8-五氯二苯并呋喃	3.90×10^4	1.10×10^1				1	0.03
389	128-37-0	2,6-二叔丁基-4-甲基苯酚	3.60×10^{-3}			3.00×10^{-1}		1	0.1
390	52645-53-1	氯菊酯				5.00×10^{-2}		1	0.1
391	79-43-6	二氯乙酸	5.00×10^{-2}		1.40×10^{-6}	4.00×10^{-3}		1	0.1
392	100-00-5	4-硝基氯苯	6.00×10^{-2}			7.00×10^{-4}	2.00×10^{-3}	1	0.1
393	123-31-9	对苯二酚	6.00×10^{-2}			4.00×10^{-2}		1	0.1
394	2303-16-4	二氯烯丹	6.10×10^{-2}		1.70×10^{-6}			1	0.1
395	76-03-9	三氯乙酸	7.00×10^{-2}		2.00×10^{-6}	2.00×10^{-2}		1	0.1
396	42874-03-3	乙氧氟草醚	7.32×10^{-2}			4.00×10^{-2}		1	0.1
397	51338-27-3	禾草灵	7.36×10^{-2}			2.30×10^{-3}		1	0.1
398	98-00-0	糠醇	1.31×10^{-1}						
399	148-18-5	二乙基二硫代氨基甲酸钠	2.70×10^{-1}		7.70×10^{-6}	3.00×10^{-2}		1	0.1
400	25321-14-6	二硝基甲苯	4.50×10^{-1}			9.00×10^{-4}		1	0.1
401	67-45-8	呋喃唑酮	3.80		1.00×10^{-4}			1	0.1
402	57-14-7	1,1-二甲基肼				1.00×10^{-4}	2.00×10^{-6}	1	
403	12035-72-2	亚硫化镍	1.70	4.80×10^{-4}		1.10×10^{-2}	1.40×10^{-5}	0.04	
404	7550-45-0	四氯化钛					1.00×10^{-4}	1	
405	7782-50-5	氯				1.00×10^{-1}	1.45×10^{-4}	1	
406	10049-04-4	二氧化氯				3.00×10^{-2}	2.00×10^{-4}	1	
407	1309-64-4	三氧化二锑				2.00×10^{-4}		0.15	
408	7487-94-7	氯化汞				3.00×10^{-4}		0.07	

续表

序号	CAS 编号	中文名	致癌毒性参数			慢性非致癌毒性参数			
			SF_o $[mg/(kg·d)]^{-1}$	IUR $(\mu g/m^3)^{-1}$	DUR $(\mu g/L)^{-1}$	RfD_o $[mg/(kg·d)]$	RfC (mg/m^3)	ABS_{gi} (无量纲)	ABS_d (无量纲)
409	7803-51-2	磷化氢				3.00×10^{-4}	3.00×10^{-4}	1	
410	77-73-6	二聚环戊二烯				8.00×10^{-2}	3.00×10^{-4}	1	
411	64-18-6	甲酸				9.00×10^{-1}	3.00×10^{-4}	1	
412	75-44-5	光气					3.00×10^{-4}	1	
413	9016-87-9	聚合亚甲基二苯基二异氰酸酯					8.00×10^{-5}	1	0.1
414	74-90-8	氢氰酸					9.00×10^{-4}	1	
415	765-34-4	缩水甘油醛				4.00×10^{-4}		1	
416	110-49-6	2-甲氧基乙酸乙酯				8.00×10^{-3}	1.00×10^{-3}	1	
417	7664-93-9	硫酸					1.00×10^{-3}	1	
418	7783-06-4	硫化氢					2.00×10^{-3}	1	
419	75-85-4	2-甲基-2-丁醇					3.00×10^{-3}	1	
420	7631-86-9	二氧化硅					3.00×10^{-3}	1	
421	121-44-8	三乙胺					7.00×10^{-3}	1	
422	123-38-6	丙醛					8.00×10^{-3}	1	
423	7664-38-2	磷酸				4.86×10^{1}	1.00×10^{-2}	1	
424	7681-49-4	氟化钠				5.00×10^{-2}		1	
425	7782-41-4	氟				6.00×10^{-2}		1	
426	7664-39-3	氟化氢				4.00×10^{-2}	1.40×10^{-2}	1	
427	7440-42-8	硼				2.00×10^{-1}	2.00×10^{-2}	1	
428	109-86-4	乙二醇甲醚				5.00×10^{-3}	2.00×10^{-2}	1	
429	10294-34-5	三氯化硼				2.00	2.00×10^{-2}	1	
430	7647-01-0	盐酸					2.00×10^{-2}	1	
431	111-15-9	乙二醇乙醚醋酸酯				1.00×10^{-1}	6.00×10^{-2}	1	
432	75-05-8	乙腈					6.00×10^{-2}	1	
433	141-78-6	乙酸乙酯				9.00×10^{-1}	7.00×10^{-2}	1	

续表

序号	CAS 编号	中文名	致癌毒性参数			慢性非致癌毒性参数			
			SF_o $[mg/(kg \cdot d)]^{-1}$	IUR $(\mu g/m^3)^{-1}$	DUR $(\mu g/L)^{-1}$	RfD_o $[mg/(kg \cdot d)]$	RfC (mg/m^3)	ABS_{gi} (无量纲)	ABS_d (无量纲)
434	64742-95-6	轻质芳香烃石脑油				3.00×10^{-2}	1.00×10^{-1}	1	
435	1330-20-7	二甲苯类				2.00×10^{-1}	1.00×10^{-1}	1	
436	463-58-1	羰基硫					1.00×10^{-1}	1	
437	67-63-0	异丙醇				2.00	2.00×10^{-1}	1	
438	110-80-5	乙二醇单乙醚				9.00×10^{-2}	2.00×10^{-1}	1	
439	108-05-4	乙酸乙烯酯				1.00	2.00×10^{-1}	1	
440	107-21-1	乙二醇				2.00	4.00×10^{-1}	1	0.1
441	75-15-0	二硫化碳				1.00×10^{-1}	7.00×10^{-1}	1	
442	110-54-3	正己烷					7.00×10^{-1}	1	
443	111-76-2	乙二醇单丁醚				1.00×10^{-1}	1.60	1	0.1
444	108-10-1	4-甲基-2-戊酮					3.00	1	
445	115-07-1	丙烯					3.00	1	
446	78-93-3	2-丁酮				6.00×10^{-1}	5.00	1	
447	67-56-1	甲醇				2.00×10^{1}	2.00	1	
448	78-92-2	仲丁醇				2.00	3.00×10	1	
449	7723-14-0	白磷				2.00×10^{-5}		1	
450	78-48-8	脱叶磷				2.00×10^{-4}		1	0.1
451	680-31-9	六甲基磷酰三胺				4.00×10^{-4}		1	0.1
452	886-50-0	特丁净				1.00×10^{-3}		1	0.1
453	88-85-7	地乐酚				1.00×10^{-3}		1	0.1
454	30560-19-1	乙酰甲胺磷				3.00×10^{-4}		1	0.1
455	66230-04-4	*S*-氰戊菊酯						1	0.1
456	7439-93-2	锂				2.00×10^{-3}		1	
457	2764-72-9	敌草快				2.20×10^{-3}		1	0.1
458	99-30-9	2,6-二氯-4-硝基苯胺				2.50×10^{-3}		1	
459	69327-76-0	噻嗪酮				3.30×10^{-2}			
460	7440-22-4	银				5.00×10^{-3}		0.04	

续表

序号	CAS 编号	中文名	致癌毒性参数			慢性非致癌毒性参数			
			SF_o $[mg/(kg·d)]^{-1}$	IUR $(μg/m^3)^{-1}$	DUR $(μg/L)^{-1}$	RfD_o [mg/(kg·d)]	RfC (mg/m^3)	ABS_{gi} (无量纲)	ABS_d (无量纲)
461	137-30-4	福美锌				$1.60×10^{-2}$		1	
462	28249-77-6	杀草丹				$1.00×10^{-2}$		1	0.1
463	55285-14-8	丁硫克百威				$1.00×10^{-2}$		1	0.1
464	94-75-7	2,4-二氯苯氧乙酸				$1.00×10^{-2}$		1	0.05
465	2164-17-2	伏草隆				$1.30×10^{-2}$		1	0.1
466	75-60-5	二甲次胂酸				$1.40×10^{-2}$		1	0.1
467	14484-64-1	福美铁				$1.50×10^{-2}$		1	
468	52315-07-8	氯氰菊酯						1	0.1
469	7758-19-2	亚氯酸钠				$3.00×10^{-2}$		1	
470	111-77-3	二乙二醇单甲醚				$4.00×10^{-2}$		1	0.1
471	7287-19-6	扑草净				$4.00×10^{-2}$		1	0.1
472	57837-19-1	甲霜灵				$6.00×10^{-2}$		1	0.1
473	67-20-9	硝基呋喃妥因				$7.00×10^{-2}$		1	0.1
474	90982-32-4	氯嘧磺隆				$9.00×10^{-2}$		1	0.1
475	14797-65-0	亚硝酸盐				$1.00×10^{-1}$		1	
476	302-17-0	水合氯醛				$1.00×10^{-1}$		1	
477	71-36-3	正丁醇				$1.00×10^{-1}$		1	
478	51-03-6	增效醚				$1.60×10^{-1}$			
479	60-29-7	乙醚				$2.00×10^{-1}$		1	
480	83055-99-6	苄嘧磺隆				$2.00×10^{-1}$		1	0.1
481	40487-42-1	二甲戊灵				$3.00×10^{-1}$		1	0.1
482	78-83-1	异丁醇				$3.00×10^{-1}$		1	
483	14797-55-8	硝酸盐				1.60		1	
484	10265-92-6	甲胺磷				$5.00×10^{-5}$		1	0.1
485	115-32-2	三氯杀螨醇				$4.00×10^{-4}$		1	0.1
486	107534-96-3	戊唑醇				$2.90×10^{-2}$			
487	101-21-3	氯苯胺灵				$5.00×10^{-3}$		1	0.1
488	10599-90-3	氯胺				$1.00×10^{-1}$		1	

续表

序号	CAS 编号	中文名	致癌毒性参数			慢性非致癌毒性参数			
			SF_o $[mg/(kg·d)]^{-1}$	IUR $(\mu g/m^3)^{-1}$	DUR $(\mu g/L)^{-1}$	RfD_o [mg/(kg·d)]	RfC (mg/m^3)	ABS_{gi} (无量纲)	ABS_d (无量纲)
489	122-39-4	二苯胺				1.00×10^{-1}		1	0.1
490	123-33-1	顺丁烯二酰肼				5.00×10^{-1}		1	0.1
491	124-04-9	己二酸				2.00		1	0.1
492	10102-44-0	二氧化氮						1	
493	505-60-2	芥子气						1	
494	618-85-9	3,5-二硝基甲苯						1	
495	630-08-0	一氧化碳						1	
496	7446-09-5	二氧化硫						1	
497	7697-37-2	硝酸						1	
498	75-09-2	二氯甲烷	2.00×10^{-3}	1.00×10^{-8}		6.00×10^{-3}	6.00×10^{-1}	1	
499	25013-16-5	叔丁基-4-羟基苯甲醚	2.00×10^{-4}	5.70×10^{-8}				1	0.1
500	1332-21-4	烧碱石棉	1.40×10^{-13}	2.30×10^{-7}				1	
501	1634-04-4	甲基叔丁基醚	1.80×10^{-3}	2.60×10^{-7}			3.00	1	
502	62-44-2	非那西丁	2.20×10^{-3}	6.30×10^{-7}				1	0.1
503	132-27-4	邻苯基苯酚钠	3.00×10^{-3}	8.60×10^{-7}					
504	2475-45-8	分散兰 1	4.50×10^{-3}	1.30×10^{-6}					
505	3761-53-3	丽春红 C	4.50×10^{-3}	1.30×10^{-6}					
506	87-29-6	邻氨基苯甲酸肉桂酯	4.60×10^{-3}	1.30×10^{-6}					
507	139-13-9	氮川三乙酸	5.30×10^{-3}	1.50×10^{-6}					
508	5160-02-1	颜料红 53:1	5.30×10^{-3}	1.50×10^{-6}					
509	542-75-6	1,3-二氯丙烯	1.00×10^{-1}	4.00×10^{-6}		3.00×10^{-2}	2.00×10^{-2}	1	
510	79-01-6	三氯乙烯	4.60×10^{-2}	4.10×10^{-6}		5.00×10^{-4}	2.00×10^{-3}	1	
511	75-01-4	氯乙烯	7.20×10^{-1}	4.40×10^{-6}		3.00×10^{-3}	1.00×10^{-1}	1	
512	3564-09-8	丽春红 3R	1.60×10^{-2}	4.60×10^{-6}					
513	95-83-0	4-氯-1,2-苯二胺	1.60×10^{-2}	4.60×10^{-6}					
514	1694-09-3	酸性紫 49	2.00×10^{-2}	5.70×10^{-6}					
515	156-10-5	对亚硝基二苯胺	2.20×10^{-2}	6.30×10^{-6}					

续表

序号	CAS 编号	中文名	致癌毒性参数			慢性非致癌毒性参数			
			SF_o $[mg/(kg·d)]^{-1}$	IUR $(μg/m^3)^{-1}$	DUR $(μg/L)^{-1}$	RfD_o [mg/(kg·d)]	RfC (mg/m^3)	ABS_{gi} (无量纲)	ABS_d (无量纲)
516	615-05-4	2,4-二氨基苯甲醚	$6.60×10^{-6}$	$2.30×10^{-2}$					
517	140-57-8	杀螨特	$2.50×10^{-2}$	$7.10×10^{-6}$	$7.10×10^{-7}$	$5.00×10^{-2}$		1	0.1
518	98-56-6	4-氯三氟甲苯		$8.60×10^{-6}$		$3.00×10^{-3}$	$3.00×10^{-1}$	1	
519	75-52-5	硝基甲烷		$8.80×10^{-6}$			$5.00×10^{-3}$	1	
520	117-79-3	2-氨基蒽醌	$3.30×10^{-2}$	$9.40×10^{-6}$					
521	584-84-9	甲苯-2,4-二异氰酸酯	$3.90×10^{-2}$	$1.10×10^{-5}$			$8.00×10^{-6}$	1	
522	91-08-7	甲苯-2,6-二异氰酸酯	$3.90×10^{-2}$	$1.10×10^{-5}$			$8.00×10^{-6}$	1	
523	26471-62-5	甲苯二异氰酸酯（混合异构体）	$3.90×10^{-2}$	$1.10×10^{-5}$			$7.00×10^{-5}$		
524	50-00-0	甲醛	$2.10×10^{-2}$	$1.30×10^{-5}$		$2.00×10^{-1}$	$9.80×10^{-3}$	1	
525	94-58-6	6-氯-2,3-二氢-1,4-苯并噁嗪-3-酮-4-乙酸	$4.40×10^{-2}$	$1.30×10^{-5}$				1	
526	513-37-1	1-氯-2-甲基-1-丙烯	$4.50×10^{-2}$	$1.30×10^{-5}$				1	
527	101-61-1	4,4′-四甲基二氨基二苯甲烷	$4.60×10^{-2}$	$1.30×10^{-5}$				1	0.1
528	2784-94-3	*N*-[4-(甲基氨基)-3-硝基苯基]二乙醇胺	$5.10×10^{-2}$	$1.50×10^{-5}$					
529	12674-11-2	亚老哥尔 1016	$7.00×10^{-2}$	$2.00×10^{-5}$		$7.00×10^{-5}$		1	0.14
530	60-35-5	乙酰胺	$7.00×10^{-2}$	$2.00×10^{-5}$					
531	62-56-6	硫脲	$7.20×10^{-2}$	$2.10×10^{-5}$					
532	117-10-2	1,8-二羟基蒽醌	$7.60×10^{-2}$	$2.20×10^{-5}$					
533	1836-75-5	除草醚	$3.80×10^{-2}$	$2.30×10^{-5}$		$3.00×10^{-3}$			
534	115-28-6	氯菌酸	$9.10×10^{-2}$	$2.60×10^{-5}$					
535	510-15-6	氯二苯乙醇酸盐	$1.10×10^{-1}$	$3.10×10^{-5}$		$2.00×10^{-2}$		1	0.1
536	134-29-2	邻茴香胺盐酸盐	$1.10×10^{-1}$	$3.10×10^{-5}$					

续表

序号	CAS 编号	中文名	致癌毒性参数			慢性非致癌毒性参数			
			SF_o $[mg/(kg·d)]^{-1}$	IUR $(μg/m^3)^{-1}$	DUR $(μg/L)^{-1}$	RfD_o [mg/(kg·d)]	RfC (mg/m^3)	ABS_{gi} (无量纲)	ABS_d (无量纲)
537	602-87-9	1,2-二氢-5-硝基苊	$1.30×10^{-1}$	$3.70×10^{-5}$					
538	101-80-4	4,4′-二氨基二苯醚	$1.40×10^{-1}$	$4.00×10^{-5}$					
539	563-47-3	3-氯-2-甲基-1-丙烯	$1.40×10^{-1}$	$4.00×10^{-5}$					
540	90-04-0	邻甲氧基苯胺	$1.40×10^{-1}$	$4.00×10^{-5}$					
541	2425-06-1	敌菌丹	$1.50×10^{-1}$	$4.30×10^{-5}$		$2.00×10^{-3}$		1	0.1
542	120-71-8	2-甲氧基-5-甲基苯胺	$1.50×10^{-1}$	$4.30×10^{-5}$					
543	136-40-3	盐酸非那吡啶	$1.50×10^{-1}$	$4.30×10^{-5}$					
544	82-28-0	分散橙 11	$1.50×10^{-1}$	$4.30×10^{-5}$					
545	96-09-3	氧化苯乙烯	$1.60×10^{-1}$	$4.60×10^{-5}$					
546	95-06-7	草克死	$1.90×10^{-1}$	$5.40×10^{-5}$					
547	193-39-5	茚并[1,2,3-*cd*]芘	$1.00×10^{-1}$	$6.00×10^{-5}$				1	0.13
548	94-59-7	黄樟素	$2.20×10^{-1}$	$6.30×10^{-5}$				1	0.1
549	3688-53-7	2-(2-呋喃基)-3-(5-硝基-2-呋喃基)丙烯酰胺	$2.40×10^{-1}$	$6.90×10^{-5}$					
550	569-61-9	碱性红 9	$2.40×10^{2}$	$7.10×10^{-5}$					
551	56-04-2	甲基硫脲嘧啶	$4.00×10^{-1}$	$1.10×10^{-4}$					
552	226-36-8	苯并[*a,h*]杂蒽	1.20	$1.10×10^{-4}$					
553	26148-68-5	2-氨基-9*H*-吡啶[2,3-*b*]吲哚	$4.00×10^{-1}$	$1.14×10^{-4}$					
554	50-06-6	苯巴比妥	$4.60×10^{-1}$	$1.30×10^{-4}$					
555	7758-01-2	溴酸钾	$4.90×10^{-1}$	$1.40×10^{-4}$					
556	122-66-7	1, 2-二苯基二嗪	$8.00×10^{-1}$	$2.20×10^{-4}$				1	0.1
557	90-94-8	米氏酮	$8.60×10^{-1}$	$2.50×10^{-4}$					
558	492-80-8	金胺	$8.80×10^{-1}$	$2.50×10^{-4}$				1	0.1
559	13463-39-3	羰基镍	$9.10×10^{-1}$	$2.60×10^{-4}$		$1.10×10^{-2}$	$1.40×10^{-5}$	1	

续表

序号	CAS 编号	中文名	致癌毒性参数			慢性非致癌毒性参数			
			SF_o $[mg/(kg·d)]^{-1}$	IUR $(μg/m^3)^{-1}$	DUR $(μg/L)^{-1}$	RfD_o [mg/(kg·d)]	RfC (mg/m^3)	ABS_{gi} (无量纲)	ABS_d (无量纲)
560	838-88-0	4,4′-二氨基-3,3′-二甲基二苯甲烷	$9.20×10^{-1}$	$2.60×10^{-4}$					
561	61-82-5	3-氨基-1,2,4-三氮唑	$9.40×10^{-1}$	$2.70×10^{-4}$					
562	3068-88-0	*β*-丁内酯	1.00	$2.90×10^{-4}$					
563	51-52-5	丙基硫氧嘧啶	1.00	$2.90×10^{-4}$					
564	111-44-4	双(2-氯乙基)醚	1.10	$3.30×10^{-4}$	$3.30×10^{-5}$			1	
565	68006-83-7	2-氨基-3-甲基-9*H*-吡啶[2,3-*b*]吲哚	1.20	$3.40×10^{-4}$					
566	57-74-9	氯丹	1.30	$3.40×10^{-4}$					
567	59-87-0	呋喃西林	1.30	$3.70×10^{-4}$				1	0.1
568	67730-10-3	2-氨基二吡啶并[1,2-*a*:3′,2′-*d*]咪唑盐酸盐	1.40	$4.00×10^{-4}$					
569	76180-96-6	IQ[2-氨基-3-甲基咪唑并(4,5-*f*)喹啉]	1.40	$4.00×10^{-4}$					
570	531-82-8	*N*-[4-(5-硝基-2-呋喃)-2-噻唑]乙酰胺	1.50	$4.30×10^{-4}$				1	0.1
571	101-90-6	1,3-苯二酚二缩水甘油醚	1.70	$4.90×10^{-4}$					
572	446-86-6	硫唑嘌呤	1.80	$5.10×10^{-4}$					
573	555-84-0	硝呋拉定	1.80	$5.10×10^{-4}$					
574	608-73-1	六氯化苯	1.80	$5.10×10^{-4}$				1	0.1
575	1336-36-3	1,1′-联苯氯代衍生物	2.00	$5.70×10^{-4}$				1	0.14
576	11097-69-1		2.00	$5.70×10^{-4}$		$2.00×10^{-5}$		1	0.14
577	11104-28-2		2.00	$5.70×10^{-4}$				1	0.14
578	11141-16-5	亚老哥尔 1232	2.00	$5.70×10^{-4}$				1	0.14
579	12672-29-6		2.00	$5.70×10^{-4}$				1	0.14
580	53469-21-9	甲基乙酯 1242	2.00	$5.70×10^{-4}$				1	0.14

续表

序号	CAS 编号	中文名	致癌毒性参数			慢性非致癌毒性参数			
			SF_o $[mg/(kg·d)]^{-1}$	IUR $(μg/m^3)^{-1}$	DUR $(μg/L)^{-1}$	RfD_o [mg/(kg·d)]	RfC (mg/m^3)	ABS_{gi} (无量纲)	ABS_d (无量纲)
581	79-46-9	2-硝基丙烷		$5.80×10^{-4}$			$2.00×10^{-2}$	1	
582	126-72-7	磷酸三（2,3-二溴丙基）酯	2.30	$6.60×10^{-4}$				1	
583	3570-75-0	硝呋噻唑	2.30	$6.60×10^{-4}$					
584	107-30-2	氯甲基甲醚	2.40	$6.90×10^{-4}$				1	
585	1120-71-4	1,3-丙烷磺内酯	2.40	$6.90×10^{-4}$					
586	63-92-3	盐酸酚苄明	2.70	$7.70×10^{-4}$					
587	62450-07-1	3-氨基-1-甲基-5*H*-吡啶[4,3-*B*]吲哚	3.20	$9.10×10^{-4}$					
588	97-56-3	溶剂荧 3	3.80	$1.10×10^{-3}$					
589	95-80-7	2,4-二氨基甲苯	4.00	$1.10×10^{-3}$					
590	42397-65-9	1,8-二硝基芘	$1.20×10^{1}$	$1.10×10^{-3}$					
591	129-15-7	1-硝基-2-甲基蒽醌	4.30	$1.20×10^{-3}$					
592	60-11-7	溶剂黄 2	4.60	$1.30×10^{-3}$				1	0.1
593	67730-11-4	2-氨基-6-甲基二吡啶[1,2-A:3′,2′-*d*]咪唑	4.80	$1.40×10^{-3}$					
594	924-16-3	*N*-亚硝基二正丁胺	5.40	$1.60×10^{-3}$				1	
595	62-55-5	硫代乙酰胺	6.10	$1.70×10^{-3}$					
596	16071-86-6	直接耐晒棕 BRL	6.70	$1.90×10^{-3}$				1	0.1
597	59-89-2	*N*-亚硝基吗啉	6.70	$1.90×10^{-3}$				1	0.1
598	1937-37-7	直接黑 38	7.40	$2.10×10^{-3}$				1	0.1
599	2602-46-2	直接蓝 2B	7.40	$2.10×10^{-3}$				1	0.1
600	303-34-4	毛果天芥菜碱	7.8	$2.20×10^{-3}$					
601	70-25-7	1-甲基-3-硝基-1-亚硝基胍	8.30	$2.40×10^{-3}$				1	0.1
602	100-75-4	*N*-亚硝基哌啶	9.40	$2.70×10^{-3}$				1	0.1
603	16568-02-8	鹿花蕈素	$1.00×10^{1}$	$2.90×10^{-3}$					

续表

序号	CAS 编号	中文名	致癌毒性参数			慢性非致癌毒性参数			
			SF_o $[mg/(kg·d)]^{-1}$	IUR $(μg/m^3)^{-1}$	DUR $(μg/L)^{-1}$	RfD_o [mg/(kg·d)]	RfC (mg/m^3)	ABS_{gi} (无量纲)	ABS_d (无量纲)
604	315-22-0	野百合碱	$1.00×10^{1}$	$2.90×10^{-3}$					
605	115-02-6	重氮丝氨酸	$1.10×10^{1}$	$3.10×10^{-3}$					
606	50-55-5	利血平	$1.10×10^{1}$	$3.10×10^{-3}$					
607	366-70-1	盐酸甲基苄肼	$1.20×10^{-1}$	$3.40×10^{-3}$					
608	52-24-4	三亚乙基硫代磷酰胺	$1.20×10^{1}$	$3.40×10^{-3}$					
609	79-44-7	二甲氨基甲酰氯	$1.30×10^{1}$	$3.70×10^{-3}$					
610	57-57-8	*β*-丙内酯	$1.40×10^{1}$	$4.00×10^{-3}$					
611	139-65-1	4,4′-二氨基二苯硫醚	$1.50×10^{1}$	$4.30×10^{-3}$					
612	712-68-5	5-(5-硝基-2-呋喃)-1,3,4-噻二唑-2-胺	$1.60×10^{1}$	$4.60×10^{-3}$					
613	56-49-5	3-甲基胆蒽	$2.20×10^{1}$	$6.30×10^{-3}$				1	0.1
614	62450-06-0	3-氨基-1,4-二甲基-5*H*-吡啶[4,3-*b*]吲哚	$2.60×10^{1}$	$7.40×10^{-3}$					
615	1314-62-1	五氧化二钒		$8.30×10^{-3}$		$9.00×10^{-3}$	$7.00×10^{-6}$	0.026	
616	10048-13-2	柄曲霉素	$2.20×10^{-1}$	$1.00×10^{-2}$					
617	189-55-9	二苯并[*a*,*i*] py	$1.20×10^{2}$	$1.10×10^{-2}$					
618	189-64-0	二苯并[*a*,*h*] py	$1.20×10^{2}$	$1.10×10^{-2}$					
619	191-30-0	二苯并[*a*,*l*] py	$1.20×10^{2}$	$1.10×10^{-2}$					
620	42397-64-8	1,6-二硝基芘	$1.20×10^{2}$	$1.10×10^{-2}$					
621	7496-02-8	6-硝基䓛	$1.20×10^{2}$	$1.10×10^{-2}$					
622	4342-03-4	达卡巴嗪	$4.90×10^{1}$	$1.40×10^{-2}$					
623	18883-66-4	链脲菌素	$3.10×10^{2}$	$3.10×10^{-2}$					
624	615-53-2	*N*-亚硝基-*N*-甲基尿烷	$1.10×10^{2}$	$3.10×10^{-2}$					
625	684-93-5	*N*-甲基-*N*-亚硝基脲	$1.20×10^{2}$	$3.40×10^{-2}$				1	0.1
626	148-82-3	美法仑	$1.30×10^{2}$	$3.70×10^{-2}$					
627	55-18-5	对三氟甲基苯腈	$1.50×10^{2}$	$4.30×10^{-2}$				1	0.1

附表 A.2　我国场地土壤高风险污染物的急性毒性参数

序号	CAS 编号	中文名	急性暴露参考值	
			aRfD [mg/(kg·d)]	aRfC (mg/m³)
1	79-10-7	丙烯酸		6.00
2	98-01-1	糠醛	8.00×10^{-1}	
3	100-41-4	乙苯		2.17×10
4	100-42-5	苯乙烯	1.00×10^{-1}	2.13×10
5	100-44-7	氯化苄		2.40×10^{-1}
6	101-68-8	4,4′-亚甲基双(异氰酸苯酯)		1.20×10^{-5}
7	105-60-2	己内酰胺		5.00×10^{-2}
8	106-46-7	1,4-二氯苯		1.20×10
9	106-89-8	环氧氯丙烷		1.30
10	106-99-0	1,3-丁二烯		6.60×10^{-1}
11	107-02-8	丙烯醛		6.88×10^{-3}
12	107-13-1	丙烯腈	1.00×10^{-1}	2.17×10^{-1}
13	1071-83-6	草甘膦	1.00	
14	108-88-3	甲苯	8.00×10^{-1}	7.60
15	108-95-2	苯酚	1.00	5.80
16	115-29-7	硫丹	1.50×10^{-2}	
17	1163-19-5	2,2′, 3,3′, 4,4′, 5,5′, 6,6′-十溴二苯醚（BDE-209）	1.00×10^{-2}	
18	117-81-7	邻苯二甲酸二（2-乙基己）酯（DEHP）	3.00×10^{-3}	
19	118-74-1	六氯苯	8.00×10^{-3}	
20	121-14-2	2,4-二硝基甲苯	5.00×10^{-2}	
21	121-75-5	马拉硫磷		2.00×10^{-1}
22	121-82-4	1,3,5-三硝基六氢-1,3,5-三嗪	2.00×10^{-1}	
23	123-91-1	1,4-二噁烷	5.00	7.21
24	12427-38-2	代森锰	2.00×10^{-2}	
25	124-48-1	二溴一氯甲烷	1.00×10^{-1}	
26	127-18-4	四氯乙烯	8.00×10^{-3}	4.07×10^{-2}
27	12789-03-6	氯丹（技术级）	1.00×10^{-3}	

续表

序号	CAS 编号	中文名	急性暴露参考值	
			aRfD [mg/(kg·d)]	aRfC (mg/m³)
28	133-06-2	克菌丹	1.00×10^{-1}	
29	137-26-8	福美双	1.40×10^{-2}	
30	143-50-0	十氯酮	1.00×10^{-2}	
31	156-59-2	顺-1,2-二氯乙烯	1.00	
32	156-60-5	反式-1,2-二氯乙烯		7.93×10^{-1}
33	1746-01-6	2,3,7,8-四氯二苯并-对-二噁英	2.00×10^{-7}	
34	17804-35-2	苯菌灵	2.50×10^{-2}	
35	1912-24-9	阿特拉津	1.00×10^{-2}	
36	2312-35-8	克螨特	8.00×10^{-2}	
37	2921-88-2	毒死蜱	3.00×10^{-3}	
38	298-04-4	乙拌磷	1.00×10^{-3}	6.00×10^{-3}
39	300-76-5	二溴磷	1.00×10^{-2}	
40	309-00-2	艾氏剂	2.00×10^{-3}	
41	319-85-7	β-六氯环己烷（β-HCH）	5.00×10^{-2}	
42	330-55-2	利谷隆	1.20×10^{-1}	
43	34256-82-1	乙草胺	1.50	
44	39515-41-8	甲氰菊酯	1.70×10^{-2}	
45	43121-43-3	三唑酮	3.40×10^{-2}	
46	50-29-3	滴滴涕	5.00×10^{-4}	
47	541-73-1	1,3-二氯苯	4.00×10^{-1}	
48	56-23-5	四氯化碳	2.00×10^{-2}	1.90
49	563-12-2	乙硫磷	2.00×10^{-3}	
50	56-38-2	对硫磷	3.00×10^{-4}	
51	58-89-9	γ-六氯环己烷	3.00×10^{-3}	
52	59756-60-4	氟啶酮	1.25	
53	60-51-5	乐果	1.30×10^{-2}	
54	62-73-7	敌敌畏	8.00×10^{-3}	1.81×10^{-2}
55	67-64-1	丙酮		6.18×10^{1}
56	67-66-3	氯仿	3.00×10^{-1}	4.88×10^{-1}

续表

序号	CAS 编号	中文名	急性暴露参考值	
			aRfD [mg/(kg·d)]	aRfC (mg/m^3)
57	67-72-1	六氯乙烷	1.00	5.81×10
58	68085-85-8	氯氟氰菊酯	5.00×10^{-3}	
59	68359-37-5	氟氯氰菊酯	2.00×10^{-2}	
60	71-55-6	1,1,1-三氯乙烷		9.00
61	72178-02-0	氟美沙芬	1.00	
62	72-20-8	异狄氏剂	6.00×10^{-4}	
63	7439-97-6	汞（元素）		6.00×10^{-4}
64	7440-36-0	锑	1.00	1.00×10^{-3}
65	7440-38-2	砷	5.00×10^{-3}	2.00×10^{-4}
66	7440-43-9	镉		3.00×10^{-5}
67	7440-50-8	铜	1.00×10^{-2}	1.00×10^{-1}
68	7440-61-1	铀，天然	2.00×10^{-3}	
69	74-83-9	溴甲烷	1.40×10^{-1}	3.90
70	74-87-3	氯甲烷		1.03
71	75-00-3	氯乙烷		3.96×10
72	75-07-0	乙醛		4.70×10^{-1}
73	75-21-8	环氧乙烷		7.20×10^{-1}
74	75-25-2	溴仿	7.00×10^{-1}	
75	75-27-4	溴二氯甲烷	7.00×10^{-2}	
76	75-56-9	环氧丙烷	2.10×10^{-1}	3.10
77	76-44-8	七氯	6.00×10^{-4}	
78	77182-82-2	草铵膦	6.30×10^{-2}	
79	78-87-5	1,2-二氯丙烷	3.00×10^{-1}	9.24×10^{-2}
80	79-00-5	1,1,2-三氯乙烷	5.00×10^{-1}	1.60×10^{-1}
81	8001-35-2	毒杀芬	5.00×10^{-2}	
82	82657-04-3	联苯菊酯	1.00×10^{-2}	
83	84-66-2	邻苯二甲酸二乙酯（DEP）	7.00	
84	84-74-2	邻苯二甲酸二丁酯（DBP）	5.00×10^{-1}	
85	85509-19-9	氟硅唑	2.00×10^{-2}	

续表

序号	CAS 编号	中文名	急性暴露参考值	
			aRfD [mg/(kg·d)]	aRfC (mg/m³)
86	87-68-3	六氯丁二烯	6.00×10^{-3}	
87	87-86-5	五氯苯酚	5.00×10^{-3}	
88	91-20-3	萘	6.00×10^{-1}	
89	94-81-5	4-(2-甲基-4-氯苯氧基)丁酸(MCPB)	2.00×10^{-1}	
90	950-37-8	杀扑磷	2.00×10^{-3}	
91	95-50-1	1,2-二氯苯	7.00×10^{-1}	
92	96-18-4	1,2,3-三氯丙烷		6.03×10^{-3}
93	99-65-0	1,3-二硝基苯	8.00×10^{-2}	
94	71-43-2	苯		2.88×10^{-2}
95	333-41-5	二嗪农	6.00×10^{-3}	
96	8018-01-7	代森锰锌	5.00×10^{-1}	
97	78-51-3	磷酸三(2-丁氧基乙基)酯	4.80	
98	534-52-1	4,6-二硝基邻甲酚	4.00×10^{-3}	
99	606-20-2	2,6-二硝基甲苯	9.00×10^{-2}	
100	7440-62-2	钒		8.00×10^{-4}
101	7440-02-0	镍		2.00×10^{-4}
102	117-84-0	邻苯二甲酸二正辛酯	3.00	
103	126-73-8	磷酸三丁酯	1.10	
104	10605-21-7	多菌灵	1.40×10^{-1}	
105	122-14-5	杀螟松	2.50×10^{-4}	
106	13194-48-4	灭克磷	4.20×10^{-4}	
107	135410-20-7	啶虫脒	1.00×10^{-1}	
108	21564-17-0	苯噻氰	2.50×10^{-1}	
109	298-02-2	甲拌磷	8.30×10^{-4}	
110	3380-34-5	三氯生	3.00×10^{-1}	
111	41198-08-7	丙溴磷	1.99×10^{-3}	
112	52-68-6	敌百虫	7.00×10^{-5}	
113	52918-63-5	溴氰菊酯	1.50×10^{-2}	

续表

序号	CAS 编号	中文名	急性暴露参考值	
			aRfD [mg/(kg·d)]	aRfC (mg/m³)
114	5598-13-0	甲基毒死蜱	3.30×10^{-4}	
115	71751-41-2	阿维菌素	2.50×10^{-3}	
116	91465-08-6	高效氯氟氰菊酯	9.30×10^{-4}	
117	101-77-9	4,4′-二氨基二苯甲烷	2.00×10^{-1}	
118	106-42-3	对二甲苯		2.20×10
119	106-94-5	溴丙烷	2.00×10^{-1}	5.03
120	108-38-3	间二甲苯		2.20×10
121	111-30-8	戊二醛		4.09×10^{-3}
122	95-47-6	邻二甲苯		2.20×10
123	57117-31-4	2,3,4,7,8-五氯二苯并呋喃	1.00×10^{-6}	
124	52645-53-1	氯菊酯	4.40×10^{-1}	
125	51338-27-3	禾草灵	1.00×10^{-1}	
126	12035-72-2	亚硫化镍		2.00×10^{-4}
127	7782-50-5	氯		1.70×10^{-1}
128	7487-94-7	氯化汞	7.00×10^{-3}	
129	75-44-5	光气		4.00×10^{-3}
130	9016-87-9	聚合亚甲基二苯基二异氰酸酯		1.20×10^{-2}
131	74-90-8	氢氰酸	3.40×10^{-1}	
132	7664-93-9	硫酸		1.20×10^{-1}
133	7783-06-4	硫化氢		9.76×10^{-2}
134	121-44-8	三乙胺		2.80
135	7782-41-4	氟		1.55×10^{-2}
136	7664-39-3	氟化氢		1.64×10^{-2}
137	7440-42-8	硼	2.00×10^{-1}	3.00×10^{-1}
138	109-86-4	乙二醇甲醚		9.30×10^{-2}
139	7647-01-0	盐酸		2.10
140	111-15-9	乙二醇乙醚醋酸酯		1.40×10^{-1}
141	1330-20-7	二甲苯类	1.00	8.68
142	463-58-1	羰基硫		6.60×10^{-1}

续表

序号	CAS 编号	中文名	急性暴露参考值	
			aRfD [mg/(kg·d)]	aRfC (mg/m³)
143	67-63-0	异丙醇		3.20
144	110-80-5	乙二醇单乙醚		3.70×10^{-1}
145	107-21-1	乙二醇	8.00×10^{-1}	2.00
146	75-15-0	二硫化碳	1.00×10^{-2}	6.20
147	111-76-2	乙二醇单丁醚	4.00×10^{-1}	2.90×10
148	78-93-3	2-丁酮		2.95
149	67-56-1	甲醇		2.80×10
150	7723-14-0	白磷		2.00×10^{-2}
151	78-48-8	脱叶磷	1.00×10^{-3}	
152	30560-19-1	乙酰甲胺磷	3.00×10^{-4}	
153	66230-04-4	*S*-氰戊菊酯	1.10×10^{-2}	
154	99-30-9	2,6-二氯-4-硝基苯胺	5.00×10^{-2}	
155	69327-76-0	噻嗪酮	2.00	
156	137-30-4	福美锌	5.00×10^{-2}	
157	28249-77-6	杀草丹	1.00	
158	75-60-5	二甲次胂酸	1.20×10^{-1}	
159	14484-64-1	福美铁	1.40×10^{-2}	
160	52315-07-8	氯氰菊酯	7.16×10^{-2}	
161	90982-32-4	氯嘧磺隆	1.00	
162	14797-65-0	亚硝酸盐	1.00×10^{-1}	
163	51-03-6	增效醚	5.00	
164	40487-42-1	二甲戊灵	1.00	
165	14797-55-8	硝酸盐	4.00	
166	10265-92-6	甲胺磷	1.00×10^{-3}	
167	115-32-2	三氯杀螨醇	5.00×10^{-2}	
168	107534-96-3	戊唑醇	2.90×10^{-2}	
169	10102-44-0	二氧化氮		4.70×10^{-1}
170	505-60-2	芥子气	5.00×10^{-4}	7.00×10^{-4}
171	618-85-9	3,5-二硝基甲苯	3.00×10^{-2}	

续表

序号	CAS 编号	中文名	急性暴露参考值	
			aRfD [mg/(kg·d)]	aRfC (mg/m³)
172	630-08-0	一氧化碳		2.30×10
173	7446-09-5	二氧化硫		2.62×10^{-2}
174	7697-37-2	硝酸		8.60×10^{-2}
175	75-09-2	二氯甲烷	2.00×10^{-1}	2.08
176	1634-04-4	甲基叔丁基醚	4.00×10^{-1}	7.21
177	75-01-4	氯乙烯		1.28
178	584-84-9	甲苯-2,4-二异氰酸酯		2.00×10^{-3}
179	91-08-7	甲苯-2,6-二异氰酸酯		2.00×10^{-3}
180	26471-62-5	甲苯二异氰酸酯（混合异构体）		7.00×10^{-5}
181	50-00-0	甲醛		4.91×10^{-2}
182	13463-39-3	羰基镍		2.00×10^{-4}
183	1314-62-1	五氧化二钒		3.00×10^{-2}